绿色食品生产资料
工作指南

浙江省农产品质量安全中心　组编

浙江科学技术出版社

图书在版编目（CIP）数据

绿色食品生产资料工作指南/浙江省农产品质量安全
中心组编.—杭州：浙江科学技术出版社，2020.10
ISBN 978-7-5341-9276-0

Ⅰ.①绿… Ⅱ.①浙… Ⅲ.①绿色食品-生产资料-
工作-指南 Ⅳ.①TS2-62

中国版本图书馆CIP数据核字（2020）第187473号

书　　名	绿色食品生产资料工作指南	
组　　编	浙江省农产品质量安全中心	

出版发行 浙江科学技术出版社

网址：www.zkpress.com

杭州市体育场路 347 号

邮政编码：310006

编辑部电话：0571-85152719

销售部电话：0571-85062597

E-mail：zkpress@zkpress.com

排　　版	杭州万方图书有限公司	
印　　刷	浙江新华数码印务有限公司	
经　　销	全国各地新华书店	

开　　本	710×1000　1/16	印　　张	9.5
字　　数	109 000		
版　　次	2020 年 10 月第 1 版	印　　次	2020 年 10 月第 1 次印刷
书　　号	ISBN 978-7-5341-9276-0	定　　价	45.75 元

责任编辑　詹　喜	责任校对　张　宁
责任美编　金　晖	责任印务　叶文炀

《绿色食品生产资料工作指南》编委会

主　　编：郑永利　李　露　徐　波

副 主 编：张文妹　郑迎春　王均杰

编写人员：（按姓氏笔画排序）

　　　　　王均杰　李　政　李　露　李小龙

　　　　　张小琴　张文妹　陈　洁　郑永利

　　　　　郑迎春　徐　波　黄苏庆　彭一文

审　　稿：穆建华

组　　编：浙江省农产品质量安全中心

序 言

  党的十九大报告指出，中国特色社会主义进入新时代，我国社会主要矛盾已经转化为人民日益增长的美好生活需要和不平衡不充分的发展之间的矛盾。新形势下，农业的主要矛盾已经由总量不足转变为结构性矛盾，突出表现为结构性供过于求和供给不足并存，大路产品多，绿色优质农产品紧缺。这就要求我们持续深化农业供给侧结构性改革，坚持质量兴农、绿色兴农，加快推进农业由增产导向转向提质导向，不断增加绿色优质农产品供给。

  绿色食品和地理标志农产品是绿色优质农产品供给的主力军。习近平总书记多次指出，要"大力实施农产品品牌战略，培育若干国内外知名农产品品牌，依法保护农产品地理标志产品和知名品牌"，"加强绿色、有机、无公害农产品供给"。近年来，浙江省农业农村系统坚决贯彻习近平总书记重要指示精神，深入落实中央和省委、省政府的决策部署，以实施乡村振兴战略为总抓手，以农业供给侧结构性改革为主线，坚定高效生态农业发展方向不动摇，坚持"扩大总量规模、优化产品结构、主攻供给质量、创新发展动能"的工作方针，聚焦"一品一标一产业"融合发展，全力实施国家地理标志农产品保护工程，扎实推进省级精品绿色农产品基地建设，努力构建政策支持、技术标准、生产经营、质量管控和品牌推广五大体系，着力推动绿色优质农产品特色化发展、基地化建设、标准化生产、产业化经营、品牌化运作，绿色食品、地理标志农产品规模产量取得跨越式增长，走出了一条颇具浙江特色的绿色优质农产品高质量发展新路子。

为帮助各级"三农"干部、农业生产经营主体更加全面系统地了解和掌握绿色食品、农产品地理标志的质量标准、生产模式和技术要求，进一步壮大绿色优质农产品生产队伍，浙江省农产品质量安全中心组织专家编写了绿色优质农产品工作指南系列图书。这是一件十分必要、非常重要的工作。该系列图书注重操作性和指导性，力求用通俗的文字、专业的解读、实用的案例，将绿色食品、地理标志农产品说清楚、讲明白。相信这一系列图书一定会成为全省绿色食品、农产品地理标志工作者和农业生产经营主体的"好帮手"，对进一步提升浙江省绿色优质农产品供给能力，更好地满足城乡居民美好生活需要起到十分积极的推动作用。

浙江省人大常委会副主任

2020 年 6 月 16 日

前 言

为深入推进"三联三送三落实"，全力实施新时代浙江"三农"工作"369"行动计划，着力推动"一标一品一产业"融合发展，切实加强体系队伍建设，助力乡村振兴和农业绿色发展，我们组织编写了《绿色食品工作指南》《农产品地理标志工作指南》《绿色食品生产资料工作指南》等系列图书。

《绿色食品生产资料工作指南》以中国绿色食品协会绿色食品生产资料申报审查要求为准则，密切联系浙江实际，彰显浙江特色。全书共分五章，第一章概述了绿色食品生产资料概念、发展现状与浙江省绿色食品生产资料发展方向；第二章简要介绍了绿色食品生产资料认证程序；第三、四章则从主体申报与检查员审查视角，重点解读了肥料、农药、食品添加剂、兽药、饲料及饲料添加剂等5类产品的主体申报、材料审查与现场检查的要点、疑点；第五章从制度层面介绍了绿色食品生产资料监督管理的相关要求。本书以新颖的编排、通俗易懂的文字、实操填报分析，为基层工作人员与相关企业主体提供一本"口袋式"工具书，"手把手"指导申报，"清单式"明确审查，制度化监督管理。

在本书编写过程中，我们参考了中国绿色食品协会编写和整理的有关文献资料，并得到了业内相关专家的鼎力支持，在此表示衷心感谢！囿于水平和时间所限，书中难免存在疏漏之处，敬请广大读者批评指正。

编者

2020 年 7 月

目 录

第一章
绿色食品生产资料概述

第一节　绿色食品生产资料定义与标志

绿色食品生产资料（简称"绿色生资"），是指获得国家法定部门许可、登记，符合绿色食品生产要求以及《绿色食品生产资料标志管理办法》规定，经中国绿色食品协会审核，许可使用特定绿色食品生产资料标志的生产投入品。绿色食品生产资料证明商标在国家知识产权局商标局注册，用以标识和证明生产资料安全、有效、环保，适用于绿色食品生产。绿色食品生产资料标志使用许可的范围包括肥料、农药、饲料及饲料添加剂、兽药、食品添加剂，及其他与绿色食品生产相关的生产投入品。

绿色食品生产资料标志（图1-1）含义：绿色外圆，代表安全、有效、环保，象征绿色食品生产资料保障绿色食品产品质量、保护农业生态环境的理念；中间向上的三片绿叶，代表绿色食品种植业、养殖业、加工业，象征绿色食品产业蓬勃发展；基部橘黄色实心圆点为图标的核心，代表绿色食品生产资料，象征绿色食品发展的物质技术条件。

图1-1　绿色食品生产资料标志

第二节　绿色食品生产资料发展现状

　　全国绿色食品生产资料工作始于1996年，先后出台了《绿色食品推荐生产资料暂行办法》《绿色食品生产资料认定推荐管理办法》，以及农药、肥料、饲料添加剂、食品添加剂实施细则。2007年2月21日，中国绿色食品发展中心在国家商标局（现国家知识产权局商标局）正式注册了绿色食品生产资料证明商标，出台了《绿色食品生产资料证明商标管理办法》，绿色食品生产资料正式纳入了法制化管理范畴。2011年8月，中国绿色食品发展中心研究决定委托中国绿色食品协会承担绿色食品生产资料审核、管理以及推广服务工作。2012年6月，经国家工商行政管理总局批准，中国绿色食品发展中心将绿色食品生产资料证明商标专用权转让给中国绿色食品协会。2015年中国绿色食品发展中心下发《关于推动绿色食品生产资料加快发展的意见》，要求各地积极组织绿色食品生产资料的产品开发与成果应用转化；2017年将绿色食品生产资料试验示范内容列入绿色食品原料标准化基地创建要求；2018—2019年全国绿色食品、有机农产品和农产品地理标志工作要点中明确要求，支持发展和推广应用绿色食品生产资料，推动绿色食品生产资料在绿色食品原料标准化生产基地中的推广应用。截至2019年底，全国绿色食品生产资料有效用证企业170家，有效用标产品558个。

第三节　浙江省绿色食品生产资料发展方向

绿色食品生产资料是绿色食品产业体系的重要组成部分，更是推动绿色食品高质量可持续发展的重要支撑。近年来，随着浙江省大力推进整建制创建省级精品绿色农产品基地，绿色食品数量快速增长，为全省绿色食品生产资料的快速发展提供了丰富的需求和前所未有的机遇。为此，全省绿色食品生产资料工作正围绕"三个明确"的目标，扎实推进发展规划、政策创设、队伍建设、推广应用和质量监管等工作。

（一）明确方位，找准定位

浙江已获证绿色食品生产资料产品主要是农药和肥料，其中农药产品占95.2%，尚无兽药、渔药及饲料等。为更好地服务绿色优质农产品高质量发展，结合浙江省农业主导产业布局，需要进一步加强绿色食品生产资料认证工作，特别是绿色饲料及饲料添加剂、兽药和食品添加剂等。同时，要加大政策创新和市场引导，积极争取扶持奖补资金，推动绿色食品生产资料与绿色食品同步发展；在绿色食品宣传、企业申报过程中积极宣传绿色食品生产资料，鼓励有较长产业链的绿色食品企业开发研制绿色食品生产资料，推动绿色食品生产资料迈上新台阶。

（二）明确思路，目标引领

对标高质量发展，下一阶段全省要始终坚持"扩面、集成、提升"六字工作方针，扎实推进"三个100"工作目标，助推全省"肥药两制"改革和农业绿色发展。"扩面"即"扩大总量规模"，既要扩大绿色食品生产资料认证总量，又要加大推广力度，切实扩大绿色食品生产资料应用规模。通过政府引导，推动绿色食品主体和绿色食品生产资料企业之间的良性互动，逐步构建消费需求主导的绿色食品生产资料市场。"集成"即"创新发展动能"，就是要把推进绿色食品生产资料工作纳入整个绿色优质农产品高质量发展规划中，为绿色食品生产资料工作输送更多的政策供给，从根子上解决绿色食品生产资料和绿色食品"两张皮"的问题。"提升"即"优化产品结构"和"主攻供给质量"，也就是绿色食品生产资料工作必须高质量服务于全省绿色食品健康发展，既要服务于绿色食品的产品结构优化调整，又要服务于绿色食品质量提升。当前，在继续做好农药、肥料认证的基础上，要更加突出兽药、渔药和饲料等产品认证和推广应用。同时，要将绿色食品生产资料纳入年度质量风险检测和监督检测的范畴，确保绿色食品生产资料自身高质量。"三个100"即力争通过3年左右时间实现全省有效期内绿色食品生产资料企业达到100家左右，产品总数达到100个以上，年均推广应用面积100万亩以上，为优化绿色食品结构，特别是扩大畜产品、水产品的绿色认定提供支撑保障。

（三）明确分工，务实推进

在中国绿色食品协会的指导和大力支持下，浙江省农产品质量安全中心将进一步聚焦顶层设计，立足长远抓重点，着力抓好全省绿色食品生产资料发展规划、政策创设、队伍建设、推广应用和质量监管等，适时开展绿色食品生产资料企业、产品评选和推荐活动，着力促进绿色食品和绿色食品生产资料融合发展。同时，为进一步强化绿色食品生产资料管理员队伍建设，浙江省农产品质量安全中心在绿色食品检查员、标志监管员业务培训中增加绿色食品生产资料内容，将绿色食品生产资料业务技术培训纳入绿色食品培训和考试范畴，统筹安排培训计划和师资队伍；将绿色食品生产资料管理员与绿色食品检查员、标志监管员同步培训、同等管理，争取全省绿色食品检查员、标志监管员均取得绿色食品生产资料管理员资质，扩大全省绿色食品生产资料管理队伍规模，为推进浙江绿色食品生产资料工作跨越式发展提供人才保障。此外，为更好地整合力量，加大工作力度，从2020年起，浙江省农产品质量安全中心将绿色食品生产资料的申报受理、初次审查、现场检查等具体业务委托给浙江省绿色农产品协会。

第二章
绿色食品生产资料认证程序

　　绿色食品生产资料认证一般采取单个生产主体、单个产品或单个生产主体、多个产品方式申报，经浙江省绿色农产品协会初审、现场检查，省级绿色食品工作机构综合审核后，由中国绿色食品协会审核许可使用特定绿色食品生产资料标志，整个申请审核过程需经过8个环节，见图2-1。

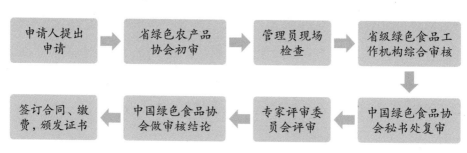

图2-1　绿色食品生产资料认证流程图

绿色食品生产资料认证工作模式见图2-2。

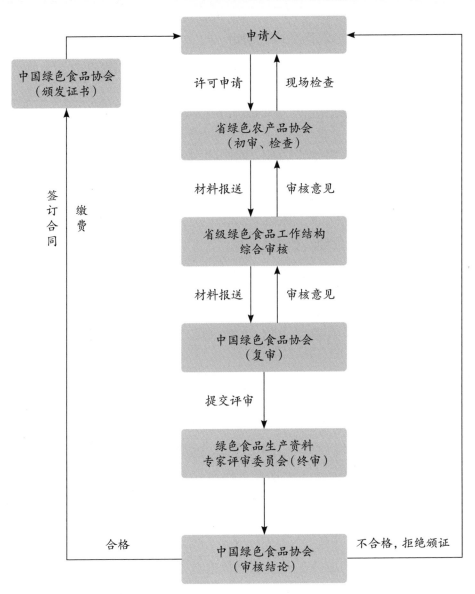

图2-2　绿色食品生产资料认证工作模式图

第一步: 申请人向省绿色农产品协会提出申请, 并填写书面申报材料

第二步: 省绿色农产品协会初审

省绿色农产品协会自收到申请材料之日起15个工作日内, 完成材料审核。

审核结果:

(1) 材料合格, 告知现场检查时间和内容。

(2) 材料不完备, 需要整改, 告知整改时限及内容。

(3) 材料不合格, 不予受理。

第三步: 检查员现场检查

材料审核合格后30个工作日内, 省绿色农产品协会组织至少2名有资质的绿色食品生产资料管理员对申请人及其产品的原料来源、投入品使用和质量管理体系等进行现场检查。

检查结果:

(1) 现场检查合格。

(2) 现场检查不合格, 告知本年度不再受理申请。

第四步: 省级绿色食品工作机构综合审核

根据申报材料审核与现场检查情况, 省级绿色食品工作机构组织专家进行评审, 提出综合审核意见。

综合审核结果:

(1) 合格, 将初审意见及申报材料报送中国绿色食品协会。

(2) 不合格, 做出整改或暂停审核决定。

第五步: 中国绿色食品协会秘书处复审

中国绿色食品协会秘书处自收到申请材料之日起20个工作日内完

成对初审合格材料和现场检查情况的复审。在复审过程中，协会秘书处可根据有关生产资料行业风险预警情况，委托省绿色农产品协会和具有法定资质的监测机构对申请用标产品组织开展常规检项之外的专项检测，检测费用由申请人承担。必要时，中国绿色食品协会可进行现场核查。

复审结果：

（1）复审合格，进入专家评审环节。

（2）复审不合格，在10个工作日内书面通知申请人，并说明理由。

第六步：专家评审委员会评审

中国绿色食品协会自收到申请材料之日起15个工作日内组织绿色食品生产资料专家评审委员会完成对申请用标产品的评审，专家组提出评审意见。

第七步：中国绿色食品协会做审核结论

中国绿色食品协会根据专家评审意见，在15个工作日内做出审核结论。

审核结论：

（1）合格。

（2）不合格，在10个工作日内书面通知申请人，并说明理由。

第八步：签订合同、缴费，颁发证书

审核结论合格的申请人，须与中国绿色食品协会签订《绿色食品生产资料标志商标使用许可合同》，缴纳绿色食品生产资料标志使用许可审核费和管理费，并由中国绿色食品协会颁发"绿色食品生产资料标志使用证"。

第三章
绿色食品生产资料申报要求

绿色食品生产资料标志使用许可的范围包括肥料、农药、饲料及饲料添加剂、兽药、食品添加剂，及其他与绿色食品生产相关的生产投入品。申报类型主要有初次申请、续展申请、增报与变更申请。

第一节　初次申请

初次申请是指符合条件的生产资料企业首次向中国绿色食品协会申请绿色食品生产资料标志使用许可。

一、申请条件

绿色食品生产资料标志使用申请需同时满足申请人与申请产品条件。

（一）申请人条件

凡具有法人资格，并获得相关行政许可的生产资料企业，可作为绿色食品生产资料标志使用的申请人。申请人应当具备以下资质条件：

（1）能够独立承担民事责任。

（2）具有稳定的生产场所及厂房设备等必要的生产条件，或依法委托其他企业生产绿色食品生产资料申请产品。

（3）具有绿色食品生产资料生产的环境条件和技术条件。

（4）具有完善的质量管理体系，并至少稳定运行一年。

（5）具有与生产规模相适应的生产技术人员和质量控制人员。

（二）申请产品条件

申请使用绿色食品生产资料标志的产品必须同时符合下列条件：

（1）经国家法定部门许可。

肥料产品：企业在农业农村部或农业农村部授权的有关单位办理备案登记手续，取得肥料登记证，并在有效期内。

农药产品：企业在农业农村部办理检验登记手续，获得农药登记证，并在有效期内。

食品添加剂产品：企业取得省级产品质量监督部门颁发的生产许可证，并在有效期内。

兽药产品：企业取得国务院兽医行政部门颁发的兽药生产许可证和产品批准文件，并在有效期内。

饲料及饲料添加剂产品：企业获得农业行政主管部门或省级饲料管理部门核发的生产许可证，申请用标产品获得省级饲料管理部门核发的产品批准文号，并在有效期内。

（2）质量符合企业明示的执行标准（包括相关的国家、行业、地方标准及备案的企业标准），符合绿色食品投入品使用准则，不造成使用对象产生和积累有害物质，不影响人体健康。

肥料产品：符合《绿色食品　肥料使用准则》（NY/T 394）。

农药产品：符合《绿色食品　农药使用准则》（NY/T 393）。

食品添加剂产品：符合《食品安全国家标准　食品添加剂使用标准》（GB 2760）规定的品种及使用范围、《食品生产通用卫生规范》（GB 14881）或《食品添加剂生产通用卫生规范》，以及《绿色食品　食品添加剂使用准则》（NY/T 392）。

兽药产品：符合《绿色食品　兽药使用准则》（NY/T 472）。

饲料及饲料添加剂产品：品种应在农业行政主管部门公布的目录之内，且使用范围和用量要符合相关标准的规定；产品符合《饲料和饲料添加剂管理条例》中相关规定，符合《绿色食品　饲料及饲料添加剂使用准则》（NY/T 471）要求；非工业化加工生产的饲料及饲料添加剂产品的产地生态环境良好，达到绿色食品的质量要求。

（3）有利于保护或促进使用对象的生长，或有利于保护或提高使用对象的品质。

（4）在合理使用的条件下，对生态环境无不良影响。

（5）非转基因产品和以非转基因原料加工的产品。

特别说明

　　A.总公司或子公司，可作为申请人单独提出申请。

　　B."总公司＋分公司"可作为申请人，分公司不可独立申请，但独立核算的分公司应分别申请。

　　C.总公司可作为统一申请人，子公司或分公司作为其加工场所。

二、申请材料清单

（一）肥料产品

同类产品中，产品的成分、配比、名称等不同的，按不同产品分别申报。

1.适用产品范围

（1）有机肥料。

（2）有机无机复混肥料。

（3）含腐植酸水溶肥料。

（4）中量元素肥料。

（5）微生物肥料。

（6）微量元素水溶肥料。

（7）含氨基酸水溶肥料。

（8）土壤调理剂。

（9）农业农村部登记管理的、适用于绿色食品生产的其他肥料。

2.申请材料清单

申请人需提交下列材料（一式两份），附目录，按顺序装订：

（1）《绿色食品生产资料标志使用申请书（肥料）》。

（2）企业营业执照复印件。

（3）肥料登记证复印件。

（4）委托其他企业加工的，应当提供委托加工合同（协议）、委托加工质量管理制度复印件。

（5）产品毒理试验报告复印件。

（6）产品添加微生物成分的，应提供使用的微生物种类（拉丁种、属名）及具有法定资质的检测机构出具的菌种安全鉴定报告复印件；已获农业农村部登记的微生物肥料所用菌种可免于提供。

（7）县级以上环保行政主管部门出具的环保合格证明或竣工环保验收意见或环境质量监测报告复印件。

（8）所有外购原料的购买合同及发票（收据）复印件。

（9）产品执行标准复印件，系列产品应有相应的备案后的企业标准。

（10）具备法定资质的第三方质量监测机构出具的一年内的产品质量检验报告复印件，产品质量检验报告应根据执行标准进行全项检测，且应包含杂质（主要指重金属）限量和卫生指标（粪大肠菌群数、蛔虫卵死亡率）。

（11）产品商标注册证复印件。

（12）含有绿色食品生产资料标志的包装标签及使用说明书的彩色设计样张。

（13）绿色食品生产资料与非绿色食品生产资料生产全过程区分管理制度。如申请人生产的所有产品均申请绿色食品生产资料，应予以说明，可免于提交。

（14）其他需提交的材料。

3.材料详解

（1）《绿色食品生产资料标志使用申请书（肥料）》：所有表格栏目不得空缺，如不涉及，应在表格栏目内注明"无"；如表格栏目不够，可附页并加盖公章。

绿色食品生产资料标志
使用申请书 ^a（肥料）

申请企业（盖章）^b_____

申请产品 ^c_____

申请日期 ^d_____年 _____月 _____日

中国绿色食品协会

【注意事项】

a. 一份《申请书》只能填报一个产品，多个产品需分开提交，不得以类别或系列产品集合填写《申请书》。

b. "申请企业"应与产品生产厂家、营业执照、公章、登记证、批准文号一致。

c. "申请产品"应与登记证、批准文号、执行标准一致。若申报名称为商品名，要明确标注，通用名不得自行添加宣传语。

d. "申请日期"为材料完整，准备提交的日期。

申请使用绿色食品生产资料标志
声　明

　　我公司已充分了解绿色食品生产资料标志使用许可管理的有关规定，自愿申请在申报产品上使用绿色食品生产资料标志。

　　现郑重声明如下：

　　1.保证《绿色食品生产资料标志使用申请书》中填写的内容和提供的有关材料全部真实、准确，如有虚假成分，本公司愿负法律责任。

　　2.在绿色食品生产资料标志使用期间，保证严格遵守国家的法律法规，按绿色食品生产资料的有关标准、技术规范及标志管理要求组织生产、加工和销售。愿意接受中国绿色食品协会和省级绿色食品工作机构组织实施的审核检查和年度检查等监督管理措施。

　　3.凡因产品质量问题给绿色食品生产资料证明商标造成不良影响，愿接受中国绿色食品协会所做的决定，并承担经济和法律责任。

　　　　　　　　　　　　　　　　申请企业：(盖章)

　　　　　　　　　　　　　　　　法人代表：(签字)

　　　　　　　　　　　　　　　　　　年　　　月　　　日

申请企业名称	中文			
	英文			
申请产品名称	中文			
	英文			
产品包装形式ª		包装规格	
检验登记单位		登记证号	
生产许可单位		许可证号	
商标名称ᵇ		商标注册号ᵇ	
企业情况			
法人代表ᶜ		电话	
详细地址ᶜ			
邮编		传真	
联系人ᶜ		电话ᶜ	
领取营业执照时间		执照编号	
职工人数		技术人员人数	
固定资产		流动资金	
生产经营范围ᵈ			

【注意事项】

　　a."包装形式"包括瓶装、袋装、盒装等。

　　b.申请人如使用商标，填写应与商标注册证一致。商标名称若有图形、英文或拼音等，应按"文字+拼音+图形"或"文字+英文"等形式填写；若一个产品同一包装标签中使用多个商标，商标之间应用逗号隔开。

　　c.应如实填写，签合同、寄证书使用。

　　d.填写营业执照中的经营范围，且申请的产品应在营业执照的经营范围内。

	设计生产规模^a		实际生产规模^b	
申报产品情况	年销售量			
	主要销售区域			
	投产日期			
	年出口量			
	主要出口国家			
	专利及获奖情况			
省绿色农产品协会意见			盖章： 负责人签字： 年　　月　　日	
省级绿色食品工作机构意见			盖章： 负责人签字： 年　　月　　日	
备注				

【注意事项】

a.统计口径为年生产量，质量以"千克"或"吨"为单位。

b."实际生产规模"即将在绿色食品生产资料证书上体现的申报量，质量以"千克"或"吨"为单位，应根据年生产情况确定申报产品的核准产量，且不应超过"设计生产规模"。

产品情况（肥料）

商品名		英文	
通用名		英文	
化学名			

类别 （勾选）	□微生物肥料　□有机肥料　□有机–无机复混肥料 □其他肥料（具体说明）：		

产品说明	适用作物[a]		
	使用方法		
	用量		
	有效保存期[b]		
	贮存条件		
主要技术指标[c]	产品形态外观		
	有效成分名称及含量		
	其他成分名称及含量		
	酸碱度（pH）		水分[b]≤
限制指标[c]	砷（As）≤	毫克/千克	铅（Pb）≤　　　毫克/千克
	铬（Cr）≤	毫克/千克	汞（Hg）≤　　　毫克/千克
	镉（Cd）≤	毫克/千克	其他重金属：
	杂菌率		霉菌数　　10^6个/克（毫升）
	蛔虫卵死亡率		大肠菌群值

【注意事项】

a."适用作物"不得超出"肥料登记证"登记的作物范围，如需增加，应提交相应田间试验报告；适用范围不得包括非食品类棉花、烟草。

b.应与产品标签、说明书一致。

c."主要技术指标""限制指标"需与登记证、执行标准、产品标签一致，其他成分要详细列出，不得使用"其他""等"含混的词语。

毒理试验[a]

毒性试验项目	给药途径	试验动物	结果	试验单位

应用效果试验[a]

试验时间	试验单位和地点	供试作物	用量	施用方法	效果[b]

【注意事项】

a."毒理试验""应用效果试验"应根据具体试验报告填写。

b."效果"应写明申报产品在增产增收、改善品质等方面的实际作用。

原料供应情况（包括微生物菌种）

原料名称[a]	所占比例/%[a]	登记许可情况（证号）[b]	年供应量[c]	供应单位及方式[d]

【注意事项】

a."原料"应涵盖主要原料、辅料、菌种、添加剂等，原料名称与提供的合同及发票（收据）材料要保持一致，不得使用"其他"等含混的词语，不可写缩写、代码。可能存在转基因技术的，如玉米、大豆、油菜籽、棉籽等及其副产品的，应由行政主管部门出具非转基因产品的有关证明材料，或提供检测报告；如为绿色食品产品或副产品的，可提供其绿色食品证书复印件，免于提供非转基因证明。

"所占比例"，应依据用量从大到小填写，原料配比之和应为100%。

b."登记许可情况（证号）"：凡须经法定部门检验登记或许可的原料要填写此栏；如有购买自绿色食品或绿色食品原料标准化生产基地的原料，也应在此栏填写相关绿色食品（基地）证书编号。

c.应真实且满足生产申报产品的年需求量。

d."供应单位"需填写具体的供货单位全称，若有中间供货商，应分行注明中间商及生产商，并与提交的合同和发票（收据）一一对应；原则上不允许无固定供货单位，不允许从市场上零星购买原料。"供应方式"应根据实际填写，分"自给""自建基地／订单农业""合同供应／协议供应"3种形式。

主要生产设备、仪器（名称、型号、数量）^a

生产流程^b

【注意事项】

a."主要生产设备、仪器"是指用于生产的主要设备、仪器，应能够符合产品生产工艺要求；若企业有自检能力，还需填写质量检验设备、仪器，并能符合产品检验要求。

b."生产流程"栏应详细地说明生产过程，可使用文字或流程图，明确指出所有原料的投入点，具体说明各种原料的投入程序，投入品名称（成分）、作用及用量，保证产品质量的关键控制点及其技术措施，不合格半成品（成品）处置措施，产品检验、包装方式等。

原料供应情况表中所有原料都应在"生产流程"中标明；人畜粪尿不得直接做原料，需经过无害化处理；申报产品为系列产品时，各个申请书的生产流程应有差别（区分），特别是发酵过程。

产品分析方法[a]

产品检测能力[b]

检测方式（勾选）	□自检	□委托检测	
委托单位		资质	
检测项目	检测方法		检测频率[c]

在其他国家生产许可及登记情况

国家	登记机构	登记日期及有效期	证号	用途

【注意事项】

a."产品分析方法"说明对主要成分进行分析的具体方法名称，不是执行标准的名称或编号。如原药：薄层色谱法、高效液相色谱法等。

b."产品检测能力"指企业在产品生产过程中对质量进行自检或委托检测的项目和方法，根据实际填写。企业如无自检能力、长期委托检验的，需提交委托检验协议及被委托单位资质证明复印件。

c."检测频率"指抽检间隔时间，如日、周、月，批次，入库前等。

特别说明

原料供应方式

根据申请用标企业与供货方的实际关系，分3种形式：

A."自给"：申请企业本身是原料生产单位；

B."自建基地／订单农业"：主要针对种植原料供应，如申请企业有稳定的（或自建）基地，或基地组织农户生产（附合同或协议）；

C."合同供应／协议供应"：从企业购买原料，并附合同及发票（收据）复印件。

（2）有关资质证件及检验报告。提供的证件均必须是有效证件，提交的报告与证明材料须由具法定资质的单位出具，需提交的报告复印件均要求与原件同等大小、字迹清晰。

（3）委托加工。申请人应与委托加工企业签订至少满足一个用标周期（3年）的委托协议，并明确绿色生产要求。

（4）环保合格证明或证书。说明申请企业的废气、废液、废渣的排放是否合格达标。

A.由县级及以上相关部门出具的环保合格证明或排污许可证，或者竣工环保验收意见。

B.由具有相关资质的检测机构出具环境质量检测报告。

C.未经验收的企业建设项目立项评估报告不可作为环保合格依据。

（5）产品执行标准。应为现行、有效的国家标准、行业标准、地方标准；若无上述标准，应提交经备案的企业标准；系列产品应提交相应的备案后的企业标准；企标上应标注出相应的申请用标产品名称及编号。

（6）商标注册证。包括续展证明、变更证明等。如商标注册人与申请人不一致,需提供商标转让证明或商标使用许可证明。

(7)产品包装标签及说明书。应规范标注申请人名称、联系方式、申报产品名称、绿色食品生产资料标志等内容,所标注信息应与申报材料一致,对其成分和作用的介绍不得有夸大不实之词。商品名和通用名均要标注,且通用名不得添加"高效"等宣传字样。

绿色食品生产资料标志可根据《绿色食品生产资料证明商标设计使用规范》设计,或从中国绿色食品协会网站中直接下载矢量图。绿色食品生产资料产品编号形式为:LSSZ——××——×××××××××××。

(8)绿色食品生产资料与非绿色食品生产资料区分管理制度。应包含从原料到成品的区分管理制度,包括原料采购、验收、存放、出库、设备清洗、加工程序、包装、贮运、仓储、产品标识等环节。如申请人生产的所有产品均申请绿色食品生产资料,予以说明,可免于提交。

(二)农药产品

名称、有效成分含量或配比、剂型等不同的,按不同产品分别申报。

1.适用产品范围

(1)《绿色食品　农药使用准则》(NY/T 393)附录A清单中农药(包含原药)。

(2)每个原药成分(有效成分)均在《绿色食品　农药使用准则》(NY/T 393)附录A清单中的复配农药。

2.申请材料清单

(1)《绿色食品生产资料标志使用申请书(农药)》。

(2)企业营业执照复印件。

(3)农药生产许可证复印件。

（4）委托其他企业加工的，应当提供委托加工合同（协议）、委托加工质量管理制度、受托方的农药生产许可证复印件。

（5）农药登记证复印件。

（6）所使用原药的生产许可证复印件。

（7）所使用原药的农药登记证复印件。

（8）县级以上环保行政主管部门出具的环保合格证明或竣工环保验收意见或环境质量监测报告复印件。

（9）所有外购原药和助剂的购买合同及发票（收据）复印件。

（10）产品执行标准复印件，系列产品应有相应的备案后的企业标准。

（11）具备法定资质的第三方质量监测机构出具的一年内的产品质量检验报告复印件，产品质量检验报告应根据执行标准进行全项检测。

（12）产品商标注册证复印件。

（13）含有绿色食品生产资料标志的包装标签及使用说明书的彩色设计样张。

（14）同类不同剂型产品中，绿色食品生产资料与非绿色食品生产资料生产全过程（从原料到成品）区分管理制度。

（15）田间药效试验报告、毒理等试验报告、农药残留试验报告和环境影响试验报告的摘要资料。若无，应说明理由。

（16）其他需提交的材料。

3.材料详解

（1）《绿色食品生产资料标志使用申请书（农药）》：所有表格栏目不得空缺，如不涉及，应在表格栏目内注明"无"；如表格栏目不够，可附页并加盖公章。

绿色食品生产资料

绿色食品生产资料标志
使用申请书（农药）

申请企业（盖章） _____

申请产品 _____

申请日期 _____ 年 _____ 月 _____ 日

中国绿色食品协会

注：封面填写同"肥料"产品。

申请使用绿色食品生产资料标志
声　明

　　我公司已充分了解绿色食品生产资料标志使用许可管理的有关规定，自愿申请在申报产品上使用绿色食品生产资料标志。

　　现郑重声明如下：

　　1.保证《绿色食品生产资料标志使用申请书》中填写的内容和提供的有关材料全部真实、准确，如有虚假成分，本公司愿负法律责任。

　　2.在绿色食品生产资料标志使用期间，保证严格遵守国家的法律法规，按绿色食品生产资料的有关标准、技术规范及标志管理要求组织生产、加工和销售。愿意接受中国绿色食品协会和省级绿色食品工作机构组织实施的审核检查和年度检查等监督管理措施。

　　3.凡因产品质量问题给绿色食品生产资料证明商标造成不良影响，愿接受中国绿色食品协会所做的决定，并承担经济和法律责任。

申请企业：(盖章)

法人代表：(签字)

年　　月　　日

申请企业名称	中文			
	英文			
申请产品名称	中文			
	英文			
产品包装形式 a			包装规格	
检验登记单位			登记证号	
生产许可单位			许可证号	
商标名称 b			商标注册号 b	
企业情况				
法人代表 c			电话	
详细地址 c				
邮编			传真	
联系人 c			电话 c	
领取营业执照时间			执照编号	
职工人数			技术人员人数	
固定资产			流动资金	
生产经营范围 d				

【注意事项】

　　a."包装形式"包括瓶装、袋装、盒装等。

　　b.申请人如使用商标，填写应与商标注册证一致。商标名称若有图形、英文或拼音等，应按"文字＋拼音＋图形"或"文字＋英文"等形式填写；若一个产品同一包装标签中使用多个商标，商标之间应用逗号隔开。

　　c.应如实填写，签合同、寄证书使用。

　　d.填写营业执照中的经营范围，且申请的产品应在营业执照的经营范围内。

申报产品情况	设计生产规模a		实际生产规模b	
	年销售量			
	主要销售区域			
	投产日期			
	年出口量			
	主要出口国家			
	专利及获奖情况			
省级绿色农产品协会意见		盖章： 负责人签字： 年　　月　　日		
省级绿色食品工作机构意见		盖章： 负责人签字： 年　　月　　日		
备注				

【注意事项】

　　a.统计口径为年生产量，质量以"千克"或"吨"为单位。

　　b."实际生产规模"即将在绿色食品生产资料证书上体现的核准产量，质量以"千克"或"吨"为单位，应根据年生产情况确定申报产品的核准产量，且不应超过"设计生产规模"。

产品情况 (农药)

产品名称		农药登记号[a]	
通用名(中文)		通用名(英文)	
商品名		化学名	
类别		剂型	
结构式			
产品说明[b]	毒性		
	适用作物		
	防治对象		
	用量		
	施用方法		
	安全间隔期		
	有效期限		
	贮存条件		
	有效成分含量/%	其他成分(包括助剂)名称和含量/%[c]	
原药			
制剂			

【注意事项】

　　a."农药登记号"应与农药登记证、中国农药信息网上一致。

　　b."产品说明"应与农药登记证、产品标签一致。

　　c."其他成分"也需提供合同与发票。

原药理化性质：

原药生产工艺简述（或原药来源）ᵃ：

制ᵇ剂产品规格及理化性质	外观			
	比重或密度		酸碱度（pH）	
	细度或粒度		悬浮率	
	乳剂稳定性（稀释倍数）		湿润性（时间）	
	水分		黏度	
	脱落率		可燃性或闪点	
	冷热稳定性			
	常温贮存稳定性			

【注意事项】

a. 简要说明原药的生产过程，可使用文字或流程图，明确生产工艺关键控制点及其技术措施等，也可填写原药购买来源。

b. "制剂产品"依据实际填写。

毒理试验[a]

毒性试验项目	给药途径	试验动物	结果	试验单位

田间药效试验[a]

时间			
地点			
作物			
防治对象			
施药方法			
用药量 （有效成分，克/亩）			
防治效果			
药害			

对环境生态影响：

【注意事项】
　a.根据具体毒理试验、田间药效试验报告填写。

原料（包括助剂等）

原料名称[a]	供应单位[b]	农药登记证	年供应量[c]	供应方式[d]

主要生产设备、仪器（名称、型号、数量）

制剂生产工艺流程

【注意事项】

a."原料"应涵盖有效成分、助剂、载体等所有成分，"原料名称"应填写通用名全称。

b."供应单位"应填写具体的供货单位全称，若有中间供货商，应分行注明中间商及生产商，并与提交的合同和发票（收据）一一对应；原则上不允许无固定供货单位，不允许从市场上零星购买原料。

c."年供应量"应真实反映满足生产申报产品的年供应需求。

d."供应方式"可根据实际填写，包括以下3种形式："自给""自建基地／订单农业""合同供应／协议供应"。

产品分析方法[a]

原药:
制剂:

产品检测能力[b]

自检(委托检测)			
委托单位		资质	
检测项目	检测方法		检测频率[c]

在其他国家生产许可及登记情况

国家	登记机构	登记日期及有效期	证号	用途

【注意事项】

　　a."产品分析方法"说明对主要成分进行分析的具体方法名称,不是执行标准的名称或编号。

　　b."产品检测能力"填写产品生产过程中企业进行质量自检或委托检测的项目和方法。企业无自检能力、长期委托检验的,需提交委托检验协议及被委托单位资质证明复印件。

　　c."检测频率"是指抽检间隔时间,如日、周、月,批次,入库前等。

（2）资质证明、环保证明、商标注册证明、产品包装标签、委托生产、产品执行标准、平行生产等共性材料详解，请扫右下方二维码。

（3）申请人应提供田间药效试验报告、毒理等试验报告、农药残留试验报告和环境影响试验报告的摘要资料。若无，需说明理由。

（三）食品添加剂产品

同类产品中，产品的品种、名称等不同的，按不同产品分别申报。

1.适用产品范围

（1）《食品安全国家标准　食品添加剂使用标准》（GB 2760）范围内产品。

（2）《绿色食品　食品添加剂使用准则》（NY/T 392）附表1以外产品。

2.申请材料清单

（1）《绿色食品生产资料标志使用申请书（食品添加剂产品）》。

（2）企业营业执照复印件。

（3）企业生产许可证（包括副本）复印件。

（4）委托其他企业加工的，应当提供委托加工合同（协议）、委托加工质量管理制度复印件。

（5）微生物制品需提交具备法定资质的检测机构出具的有效菌种的安全鉴定报告复印件。

（6）复合食品添加剂需提交产品配方等相关资料。

（7）县级以上环保行政主管部门出具的环保合格证明或竣工环保验收意见或环境质量监测报告复印件。

（8）以绿色食品产品或绿色食品原料标准化生产基地产品为原料的，须提交相关证书、采购合同及发票（收据）复印件；合同及发票（收据）上的产品名称，应与绿色食品证书或基地证书上的一致或标注为绿色食品（基地）副产物。

（9）自建、自用原料基地的产品，须提交具备法定资质的监测机构出具的产地环境质量监测及现状评价报告，以及本年度内的基地产品检验报告、生产操作规程、基地和农户清单、基地与农户订购合同（协议）复印件。

（10）绿色食品加工用水检测报告复印件（必要时）。

（11）所有外购原料的购买合同及发票（收据）复印件。

（12）产品执行标准复印件，系列产品应有相应的备案后的企业标准。

（13）具备法定资质的第三方质量监测机构出具的一年内的产品质量检验报告复印件，产品质量检验报告应根据执行标准进行全项检测。

（14）产品商标注册证复印件。

（15）含有绿色食品生产资料标志的包装标签及使用说明书的彩色设计样张。

（16）系列产品中，绿色食品生产资料与非绿色食品生产资料生产全过程（从原料到成品）区分管理制度。

（17）其他需提交的材料。

3.材料详解

（1）《绿色食品生产资料标志使用申请书（食品添加剂产品）》：所有表格栏目不得空缺，如不涉及，应在表格栏目内注明"无"；如表格栏目不够，可附页并加盖公章。

绿色食品生产资料标志
使用申请书（食品添加剂）

申请企业（盖章） ＿＿＿＿＿＿＿＿＿＿＿＿＿＿

申请产品 ＿＿＿＿＿＿＿＿＿＿＿＿＿＿＿＿＿＿

申请日期 ＿＿＿＿＿ 年 ＿＿＿＿＿ 月 ＿＿＿＿＿ 日

中国绿色食品协会

注：封面填写同"肥料"产品。

申请使用绿色食品生产资料标志
声　明

　　我公司已充分了解绿色食品生产资料标志使用许可管理的有关规定，自愿申请在申报产品上使用绿色食品生产资料标志。

　　现郑重声明如下：

　　1.保证《绿色食品生产资料标志使用申请书》中填写的内容和提供的有关材料全部真实、准确，如有虚假成分，本公司愿负法律责任。

　　2.在绿色食品生产资料标志使用期间，保证严格遵守国家的法律法规，按绿色食品生产资料的有关标准、技术规范及标志管理要求组织生产、加工和销售。愿意接受中国绿色食品协会和省级绿色食品工作机构组织实施的审核检查和年度检查等监督管理措施。

　　3.凡因产品质量问题给绿色食品生产资料证明商标造成不良影响，愿接受中国绿色食品协会所做的决定，并承担经济和法律责任。

申请企业：(盖章)

法人代表：(签字)

年　　　月　　　日

申请企业名称	中文			
	英文			
申请产品名称	中文			
	英文			
产品包装形式[a]		包装规格	
检验登记单位		登记证号	
生产许可单位		许可证号	
商标名称[b]		商标注册号[b]	
企业情况				
法人代表[c]		电话	
详细地址[c]			
邮编		传真	
联系人[c]		电话[c]	
领取营业执照时间		执照编号	
职工人数		技术人员人数	
固定资产		流动资金	
生产经营范围[d]			

【注意事项】

a."包装形式"包括瓶装、袋装、盒装等。

b.申请人如使用商标，填写应与商标注册证一致。商标名称若有图形、英文或拼音等，应按"文字＋拼音＋图形"或"文字＋英文"等形式填写；若一个产品同一包装标签中使用多个商标，商标之间应用逗号隔开。

c.应如实填写，签订合同、寄送证书使用。

d.填写营业执照中的经营范围，且申请的产品应在营业执照的经营范围内。

	设计生产规模^a		实际生产规模^b	
申报产品情况	年销售量			
	主要销售区域			
	投产日期			
	年出口量			
	主要出口国家			
	专利及获奖情况			
	省绿色农产品协会意见		盖章： 负责人签字： 年　月　日	
	省级绿色食品工作机构意见		盖章： 负责人签字： 年　月　日	
	备注			

【注意事项】

a. 统计口径为年生产量，质量以"千克"或"吨"为单位。

b. "实际生产规模"即将在绿色食品生产资料证书上体现的核准产量，质量以"千克"或"吨"为单位，应根据年生产情况确定申报产品的核准产量，且不应超过"设计生产规模"。

产品情况 (食品添加剂)

产品名称		英文	
通用名		英文	
化学名		商品名	
分子式		分子量	

产品[a]说明	使用范围	
	作用	
	最大用量/（克／千克）	
	稳定性	
	保质期	

质量标准（技术指标）[b]:

【注意事项】

a."产品说明"应与提供的产品标签、产品说明书一致。

b."质量标准"应符合食品添加产品相关质量标准、规范要求等。

安全性评价（包括微生物菌种）^a

应用效果试验

时间	试验单位和地点	方法	效果

【注意事项】

a. 微生物制品应填写菌种安全性评价。

原料供应情况（包括微生物菌种）

原料名称	供应单位	登记许可情况（证号）	年供应量	供应方式

主要生产设备、仪器（名称、型号、数量）

生产流程

注：填写注意事项同"肥料"产品。

产品分析方法

产品检测能力

自检（委托检测）			
委托单位		资质	
检测项目	检测方法		检测频率

在其他国家生产许可及登记情况

国家	登记机构	登记日期及有效期	编号	用途

注：填写注意事项同"肥料"产品。

（2）资质证明、环保证明、商标注册证明、产品包装标签、委托生产、产品执行标准、平行生产等共性材料详解，请扫右下方二维码。

（3）自建、自用原料基地的产品，须提交以下材料：

A.具备法定资质的监测机构出具的产地环境质量监测及现状评价报告。

B.本年度内的基地产品检验报告。

C.生产操作规程，如产地环境、栽培技术、加工生产过程、技术参数、包装仓储等规程。

D.基地和农户清单。

E.基地与农户订购合同（协议）复印件。

（4）绿色食品加工用水检测报告复印件（如涉及）。加工用水指参与到最终产品中或直接与生产原料接触的水，不包括设备清洗消毒用水。如涉及，需按照《绿色食品　产地环境质量》（NY/T 391）中6.4或6.5要求，由具备法定资质的检测机构出具加工用水检测报告。

（四）兽药产品

同类产品中，产品的剂型、名称等不同的，按不同产品分别申报。

1.适用产品范围

（1）国家兽医行政管理部门批准的微生态制剂和中药制剂。

（2）高效、低毒、低环境污染的消毒剂。

（3）无最高残留限量规定、无停药期规定的兽药产品。

需要注意的是，申报产品不应属于或包含《绿色食品　兽药使用准则》（NY/T 472）中规定的不应使用的药物。

2.申请材料清单

(1)《绿色食品生产资料标志使用申请书(兽药)》。

(2)企业营业执照复印件。

(3)企业兽药生产许可证和产品批准文号复印件。

(4)兽药GMP证书复印件。

(5)委托其他企业加工的,应当提供委托加工合同(协议)、委托加工质量管理制度复印件。

(6)县级以上环保行政主管部门出具的环保合格证明或竣工环保验收意见或环境质量监测报告复印件。

(7)新兽药需提供毒理学安全评价报告和效果验证试验报告复印件。

(8)所有外购原料的购买合同及发票(收据)复印件。

(9)产品执行标准复印件,系列产品应有相应的备案后的企业标准。

(10)具备法定资质的第三方质量监测机构出具的一年内的产品质量检验报告复印件,产品质量检验报告应根据执行标准进行全项检测。

(11)产品商标注册证复印件。

(12)含有绿色食品生产资料标志的包装标签及使用说明书的彩色设计样张。

(13)绿色食品生产资料与非绿色食品生产资料生产全过程(从原料到成品)区分管理制度。如申请人生产的所有产品均申请绿色食品生产资料,应予以说明,可免于提交。

(14)其他需提交的材料。

3.材料详解

(1)《绿色食品生产资料标志使用申请书(兽药)》:所有表格栏目不得空缺,如不涉及,应在表格栏目内注明"无";如表格栏目不够,可附页并加盖公章。

绿色食品生产资料

绿色食品生产资料标志
使用申请书（兽药）

申请企业（盖章）＿＿＿＿＿＿＿＿＿＿＿

申请产品＿＿＿＿＿＿＿＿＿＿＿＿＿＿

申请日期＿＿＿＿年＿＿＿＿月＿＿＿＿日

中国绿色食品协会

注：封面填写同"肥料"产品。

申请使用绿色食品生产资料标志
声　明

　　我公司已充分了解绿色食品生产资料标志使用许可管理的有关规定，自愿申请在申报产品上使用绿色食品生产资料标志。

　　现郑重声明如下：

　　1.保证《绿色食品生产资料标志使用申请书》中填写的内容和提供的有关材料全部真实、准确，如有虚假成分，本公司愿负法律责任。

　　2.在绿色食品生产资料标志使用期间，保证严格遵守国家的法律法规，按绿色食品生产资料的有关标准、技术规范及标志管理要求组织生产、加工和销售。愿意接受中国绿色食品协会和省级绿色食品工作机构组织实施的审核检查和年度检查等监督管理措施。

　　3.凡因产品质量问题给绿色食品生产资料证明商标造成不良影响，愿接受中国绿色食品协会所做的决定，并承担经济和法律责任。

申请企业：(盖章)

法人代表：(签字)

年　　　月　　　日

申请企业名称	中文		
	英文		
申请产品名称	中文		
	英文		
产品包装形式		包装规格	
检验登记单位		登记证号	
生产许可单位		许可证号	
商标名称		商标注册号	
企业情况			
法人代表		电话	
详细地址			
邮编		传真	
联系人		电话	
领取营业执照时间		执照编号	
职工人数		技术人员人数	
固定资产		流动资金	
生产经营范围			

注：填写参考"肥料""农药""食品添加剂"产品。

申报产品情况	设计生产规模		实际生产规模	
	年销售量			
	主要销售区域			
	投产日期			
	年出口量			
	主要出口国家			
	专利及获奖情况			
省绿色农产品协会意见		盖章: 负责人签字: 年　　月　　日		
省级绿色食品工作机构意见		盖章: 负责人签字: 年　　月　　日		
备注				

注:填写参考"肥料""农药""食品添加剂"产品。

产品情况（兽药）

产品名称		英文	
通用名		英文	
商品名		化学名	
类别		剂型	
结构式			

产[a] 品 说 明	批准文号	
	毒性	
	适用对象	
	治疗作用	
	使用剂量	
	使用方法	
	配伍禁忌	
	停药期	
	不良反应	
	最高残留量	
	有效期限	
	贮存条件	

【注意事项】

a."产品说明"应与产品批准文号及产品说明书一致。

	有效成分及其含量/%	其他成分（包括辅料、助剂）名称及其含量/%
原料药[a]		
制剂（成药）[b]		

原料药理化性质：

原料药生产工艺简述（或原料药来源）：

制剂理化性质：

【注意事项】

a."原料药"应填写所有原料，包括辅料、助剂等。

b.中药制剂所用的中药材应符合绿色食品生产要求。

毒理学 (包括菌种)^a

毒性试验项目	给药途径	试验动物	结果	试验单位

药效试验^a

	药理试验	临床试验
时间		
地点		
剂型		
试验动物		
给药途径		
剂量		
效果		

【注意事项】

a.根据毒理学试验及药效试验报告填写。

原料 (包括助剂等)

原料名称	供应单位	农药登记证	年供应量	供应方式

主要生产设备、仪器 (名称、型号、数量)

生产流程

【注意事项】

注：填写注意事项同"农药"产品。

产品分析方法^a

原药：

制剂^b：

产品检测能力^a

自检（委托检测）			
委托单位		资质	
检测项目	检测方法		检测频率

在其他国家生产许可及登记情况^a

国家	登记机构	登记日期及有效期	证号	用途

【注意事项】

　a.填写注意事项同"农药"产品。

　b.中药制剂所用的中药材应符合绿色食品生产要求。

（2）资质证明、环保证明、商标注册证明、产品包装标签、委托生产、产品执行标准、平行生产等共性材料详解，请扫下方二维码。

（五）饲料和饲料添加剂产品

同类产品中，产品的成分、配比、名称等不同的，按不同产品分别申报。

1.适用产品范围

（1）供各种动物食用的单一饲料（包括牧草或经加工成颗粒、草粉的饲料）。

（2）饲料添加剂。

（3）添加剂预混合饲料、浓缩饲料、配合饲料和精料补充料。

2.申请材料清单

（1）《绿色食品生产资料标志使用申请书（饲料及饲料添加剂）》。

（2）企业营业执照复印件。

（3）企业生产许可证和产品批准文号复印件。

（4）委托其他企业加工的，应当提供委托加工合同（协议）、委托加工质量管理制度复印件。

（5）动物源性饲料产品安全合格证复印件，新饲料添加剂产品证书复印件。

（6）处于监测期内的新饲料和新饲料添加剂产品证书复印件和该产品的《毒理学安全评价报告》《效果验证试验报告》复印件。

（7）县级以上环保行政主管部门出具的环保合格证明或竣工环保验收意见或环境质量监测报告复印件。

（8）以绿色食品产品或绿色食品原料标准化生产基地产品为原料的，须提交相关证书、采购合同及购买发票（收据）复印件。合同及发票（收据）上的产品名称，应与绿色食品证书或基地证书上的一致或标注为绿色食品（基地）副产物。

（9）自建、自用原料基地的产品，须按照绿色食品生产方式生产，并提交具备法定资质的监测机构出具的产地环境质量监测及现状评价报告，以及本年度内的基地产品检验报告、生产操作规程、基地和农户清单、基地与农户订购合同（协议）复印件。

（10）所有外购原料的购买合同及发票（收据）复印件。

（11）产品执行标准复印件，系列产品应有相应的备案后的企业标准。

（12）具备法定资质的第三方质量监测机构出具的一年内的产品质量检验报告复印件，产品质量检验报告应根据执行标准进行全项检测。

（13）产品商标注册证复印件（包括续展证明、商标转让证明、商标使用许可证明等）。

（14）含有绿色食品生产资料标志的包装标签及使用说明书的彩色设计样张。

（15）系列产品中，绿色食品生产资料与非绿色食品生产资料生产全过程（从原料到成品）区分管理制度。如申请人生产的所有产品均申请绿色食品生产资料，应予以说明，可免于提交。

（16）其他需提交的材料。

3.材料详解

（1）《绿色食品生产资料标志使用申请书（饲料及饲料添加剂）》：所有表格栏目不得空缺，如不涉及，应在表格栏目内注明"无"；如表格栏目不够，可附页并加盖公章。

绿色食品生产资料标志使用申请书
（饲料及饲料添加剂）

申请企业（盖章）＿＿＿＿＿＿＿＿＿＿＿＿

申请产品＿＿＿＿＿＿＿＿＿＿＿＿＿＿＿＿

申请日期 ＿＿＿年 ＿＿＿月 ＿＿＿日

中国绿色食品协会

注：封面填写同"肥料"产品。

申请使用绿色食品生产资料标志
声　明

　　我公司已充分了解绿色食品生产资料标志使用许可管理的有关规定,自愿申请在申报产品上使用绿色食品生产资料标志。

　　现郑重声明如下:

　　1.保证《绿色食品生产资料标志使用申请书》中填写的内容和提供的有关材料全部真实、准确,如有虚假成分,本公司愿负法律责任。

　　2.在绿色食品生产资料标志使用期间,保证严格遵守国家的法律法规,按绿色食品生产资料的有关标准、技术规范及标志管理要求组织生产、加工和销售。愿意接受中国绿色食品协会和省级绿色食品工作机构组织实施的审核检查和年度检查等监督管理措施。

　　3.凡因产品质量问题给绿色食品生产资料证明商标造成不良影响,愿接受中国绿色食品协会所做的决定,并承担经济和法律责任。

申请企业:(盖章)

法人代表:(签字)

　　年　　月　　日

申请企业名称	中文	
	英文	
申请产品名称	中文	
	英文	

产品包装形式		包装规格	
检验登记单位		登记证号	
生产许可单位		许可证号	
商标名称		商标注册号	

企业情况			
法人代表		电话	
详细地址			
邮编		传真	
联系人		电话	
领取营业执照时间		执照编号	
职工人数		技术人员人数	
固定资产		流动资金	
生产经营范围			

注：填写参考"肥料""农药""食品添加剂"产品。

	设计生产规模		实际生产规模	
申报产品情况	年销售量			
	主要销售区域			
	投产日期			
	年出口量			
	主要出口国家			
	专利及获奖情况			
省绿色农产品协会意见		盖章： 负责人签字： 　　　　　年　　月　　日		
省级绿色食品工作机构意见		盖章： 负责人签字： 　　　　　年　　月　　日		
备注				

注：填写参考"肥料""农药""食品添加剂"产品。

产品情况（饲料及饲料添加剂）

饲料

	商品名			
	通用名		英文	
	主要成分ª			
产ᵇ品说明	使用范围（动物名称及生育阶段）			
	作用			
	用量			
	保质期			
	贮存条件			

原料名称和配比ᶜ：

【注意事项】

a.应与执行标准、产品标签一致，须指出载体具体名称。

b."产品说明"应与执行标准和产品标签一致，不应出现"等""其他"字样。

c."原料名称和配比"应包含所有成分，包括载体，各配比比例相加应为100%。

饲料添加剂

产^a品说明	商品名		
	通用名		英文
	主要成分		
	使用范围		
	作用		
	用量		
	保质期		
	贮存条件		

理化性状：

【注意事项】

　　a."产品说明"应与执行标准和产品标签一致，不应出现"等""其他"字样。

单一饲料

饲料名称		种植品种	
种植面积		年生产量	
种植地点			
主要病虫害			

农药使用情况[a]	农药名称	剂型规格	目的	使用方法	每次用量/（克/亩）	全年使用次数	末次使用时间

肥料使用情况[a]	肥料名称	类别	使用方法	使用时间	每次用量/（千克/亩）	全年用量/（千克/亩）	末次使用时间

【注意事项】

a."农药使用情况""肥料使用情况"应符合《绿色食品　农药使用准则》（NY/T 393）、《绿色食品　肥料使用准则》（NY/T 394）要求。

饲料原料加工情况（适用于自加工的饲料原料）

产品名称		执行标准	
设计年产量		实际年产量	

原料基本情况			
名称	比例	年用量	来源

添加剂、防腐剂使用情况			
名称	用途	用量	备注

工艺流程简图：

主要设备名称、型号及制造单位：

加工单位（盖章）：　　　　　　　　　　　　　　　　填表人：

注：填写参考"肥料""农药""食品添加剂"产品。

毒理试验 (适用于新饲料和新饲料添加剂)^a

毒性试验项目	给药途径	试验动物	结果	试验单位

饲喂效果

饲喂时间	试验单位和地点	饲喂动物	施用方法	效果

【注意事项】

a.处于监测期内的新饲料和新饲料添加剂根据《毒理学安全评价报告》《效果验证试验报告》填写。

原料供应情况[a]

原料名称	供应单位	登记许可情况（证号）	年供应量	供应方式

主要生产设备、仪器（名称、型号、数量）

生产流程

【注意事项】

a.植物源性饲料原料应是已通过认定的绿色食品及其副产品，或来源于绿色食品原料标准化生产基地的产品及其副产品，或按照绿色食品生产方式生产，并经绿色食品工作机构认定基地生产的产品及其副产品；

动物源性饲料原料只应使用乳及乳制品、鱼粉，其他动物源性饲料不应使用，鱼粉应来自经国家饲料管理部门认定的产地或加工厂；

进口饲料原料应来自经绿色食品工作机构认定的产地或加工厂。

产品分析方法、检测参数

产品检测能力

检测方式（勾选）	□自检　　　　　　□委托检测		
委托单位		资质	
检测项目	检测方法		检测频率

在其他国家生产许可及登记情况

国家	登记机构	登记日期及有效期	证号	用途

注：填写参考"肥料""农药""食品添加剂"产品。

（2）资质证明、环保证明、商标注册证明、产品包装标签、委托生产、产品执行标准、平行生产等共性材料详解，请扫下方二维码。

（3）外购原料合同及发票复印件。矿物盐原料应在合同中体现饲料级（或食品级）字样；复合维生素、复合氨基酸、矿物盐、预混料产品要提交标签原件；进口原料需提交饲料、饲料添加剂进口登记证和检验合格证明复印件。

（4）自建、自用原料基地的产品，须提交以下材料：

A.具备法定资质的监测机构出具的产地环境质量监测及现状评价报告。

B.本年度内的基地产品检验报告。

C.生产操作规程，如产地环境、栽培技术、加工生产过程、技术参数、包装仓储等规程。

D.基地和农户清单。

E.基地与农户订购合同（协议）复印件。

第二节　续展申请

续展申请是指在绿色食品生产资料证书三年有效期满前90天，绿色食品生产资料企业提出继续使用绿色食品生产资料标志许可。

一、申报条件

除满足初次申请要求的申报条件外，续展申请人还需要满足：

（1）申请人（主体经合法变更的除外）与上一用标周期一致。

（2）在上一用标周期内，申请人无质量安全事故、抽检不合格和不良诚信记录。

（3）用标周期内，按时年检，且未出现年检不合格现象。

二、申报材料

（一）除环境质量监测、产品质量检验报告与绿色食品生产资料证书特别要求外，申报材料基本与初次申请一致

（1）县级以上环保行政主管部门出具的上一用标周期内的环保合格证明或竣工环保验收意见或环境质量监测报告复印件。

（2）具备法定资质的第三方质量监测机构出具的两年内的产品质量检验报告复印件。

（3）上一用标周期绿色食品生产资料证书复印件。

（二）特殊免除

（1）申请人生产加工场地、设施、设备及配套的污染防治设施和措

施、相关环境管理制度未发生变化的，经绿色食品生产资料管理员确认，并在《绿色食品生产资料企业检查表》上注明，可免于提交环保合格证明或竣工环保验收意见或环境质量监测报告复印件。

（2）饲料及饲料添加剂产品、食品添加剂产品，如自建基地地点、种植面积无变化，经绿色食品生产资料管理员确认，并在《绿色食品生产资料企业检查表》上注明，可免于提交环境监测及评价报告、生产规程、农户清单。

三、其他

续展产品的绿色食品生产资料编号不变，证书有效期与上一周期证书有效期衔接（顺延），且审核费减半。未按期（绿色食品生产资料证书有效期满前90天）进行续展的产品，原则上应作为初次申报产品申报，并按初次申报产品提交相应的证明材料，审核通过并获得的绿色食品生产资料证书将重新编号，有效期不与上一周期衔接，审核费不减半。

第三节　增报与变更申请

一、增报申请

增报申请是指绿色食品生产资料企业在已获证产品的基础上，申请在其他产品上使用绿色食品生产资料标志。增报产品可与续展产品同时提交申请材料，申请材料与初次申请一致。

二、变更申请

已获证产品名称、商标名称、企业名称和核准产量发生变化时，必须提出证书变更申请。

（一）变更程序

获证企业撰写变更申请，说明变更内容、理由，经省绿色农产品协会审核、签章，省级绿色食品工作机构综合审核、签章后，报送中国绿色食品协会。

（二）需提交材料

（1）涉及变更的新营业执照复印件。

（2）新登记证（农药、肥料）复印件。

（3）新委托加工合同（协议）。

（4）新商标注册证或受理／转让证明复印件。

（5）新生产许可证（包括副本）复印件。

（6）新批准文号复印件。

（7）带绿色生产资料的新包装标签（彩色）。

（8）原绿色生产资料证书（原件）。

第四章
绿色食品生产资料受理审查

　　绿色食品绿色食品生产资料审查是指按照《绿色食品生产资料标志管理办法》规定，由具有资质的绿色生资管理员，对申请用标企业进行材料初审、现场检查与综合审查的过程。

第一节　管理员职责

一、管理员工作职责

绿色食品生产资料管理员具有以下工作职责：

（1）对申请使用绿色食品生产资料标志企业及其产品进行初审。

　　A.按绿色食品生产资料产品执行标准及有关规定对申请材料进行文审，评判企业提供的信息和资料是否完整，是否符合绿色食品生产资料许可的有关要求。

　　B.现场核实申请材料的真实性，检查原料来源、投入品使用和质量管理体系是否达到绿色食品生产资料有关要求。

C.综合所有信息和检查情况，填写《绿色食品生产资料企业检查表》，对申请用标企业及其产品做出评估并签字，对检查结果负责。

（2）依据《绿色食品生产资料标志管理办法》《绿色食品生产资料标志商标使用许可合同》及有关法律法规对绿色食品生产资料标志使用进行管理。

A.指导企业履行绿色食品生产资料办证手续、规范使用绿色食品生产资料标志、严格执行绿色食品生产资料许可条件，为企业提供咨询服务。

B.对绿色食品生产资料企业进行年度检查，对其产品质量和标志使用情况进行监督检查。

C.配合绿色食品生产资料质量监测机构实施中国绿色食品协会下达的产品监督年检和抽检计划。

D.督促绿色食品生产资料企业履行合同，按时足额缴纳标志管理费。

E.开展市场监督检查，配合政府有关部门对假冒和违规使用绿色食品生产资料标志的企业进行查处，维护绿色食品生产资料市场秩序。

（3）在省级绿色食品工作机构的统一组织和协调下，开展所辖区内绿色食品生产资料的培训、宣传、推广应用与服务工作。

（4）完成其他相关工作。

二、管理员行为准则

绿色食品生产资料管理员应遵守以下行为准则：

（1）遵守国家有关法律法规及协会的规章制度和保密协议，忠于职守。

（2）努力学习有关专业知识，不断提高自身素质和检查、管理能力。

（3）如实记录检查现场及检查对象现状，保证检查的公正性。

（4）不得与申请用标企业有任何咨询服务关系；可以提出生产方面的改进意见，但不得收取费用；不得接受任何经济回报。

（5）不得向申请用标企业作出颁证与否的承诺。

（6）保守申请用标企业的技术和商业秘密；未经企业书面授权，不得讨论或披露任何与审核和检查活动有关的信息。

（7）不以权谋私，不接受可能影响本人正常行使职责的馈赠及其他任何形式的好处。

（8）不以任何形式损坏协会声誉；对违反本行为准则的调查工作不提供全面合作。

（9）到少数民族地区检查时，应尊重当地的文化和风俗习惯。

（10）如实向中国绿色食品协会和所在单位报告情况，不弄虚作假。

（11）接受中国绿色食品协会的培训、指导和监督管理。

第二节 现场检查

一、检查前的准备

（1）至少2名有资质的绿色食品生产资料管理员。管理员应仔细阅读申请用标企业的申请材料，熟悉相关标准及技术资料，列出检查提纲和检查要点，收集申请用标产品的相关信息，并通知企业检查日期，应携带：

　　□《绿色食品生产资料保密承诺书》

　　□《绿色食品生产资料申请书》及相关申报材料

　　□绿色食品生产资料管理员证书

　　□《绿色食品生产资料管理员工作规范》

（2）申请用标企业要根据现场检查计划做好人员安排。检查期间，生产负责人、有关技术人员、会计、库管人员要在岗，有关记录档案随时备查阅。

二、现场检查主要内容

（一）首次会议

申请用标企业主要负责人（如董事长、总经理、副总经理）、各生产部门（如原料科、生产科、市场科等）负责人参加会议并签字。

（1）管理员介绍现场检查内容与具体安排，并签署《保密承诺书》。

（2）申请人情况介绍。

A.企业基本概况：组建时间、性质，产品种类、产量、产值，技术力量、技术依托，主要车间及实验室的任务及其设施、经营状况等。

B.申请使用绿色食品生产资料标志的原因。

C.绿色食品生产资料生产规划。

（3）申请产品概况。

A.产品名称（商品名、通用名应与产品执行标准、标签相符）、实际年生产量、销售量、销售额和申请产量。

B.原料、辅料及生产投入品的名称、来源、购货方式，保证其质量的制度和措施。

C.自建原料基地面积(种植地、轮作地)、产品名称、地块分布,生产组织和管理形式,保证产品达到绿色食品质量的制度和措施。

D.自行(或委托)加工原料(如加工饼、粕)的生产和管理形式、技术依托、保证产品达到绿色食品质量的制度和措施;保证绿色食品原料、产品与非绿色食品原料、产品不混的区分管理制度和措施(特别委托加工)。

(4)企业周边的生态环境、为减少污染和保护环境的制度和措施。

(5)为保证产品达到绿色食品生产资料标准的改进措施。

A.产地环境条件的改善和保持。

B.生产管理制度和措施的改进。

C.生产技术的改进。

D.绿色食品生产资料与非绿色食品生产资料区别管理体系。

E.质量追踪体系的建立。

(二)实地检查

(1)产品生产全过程及生产车间、产品质量检验室、库房等相关场所。

(2)生产厂区及周边环境的环保情况。

(3)原料来源、投入品使用和质量管理体系(包括自建原料生产和加工基地)。

(4)《绿色食品生产资料企业检查表》中所规定的项目。

(三)随机访问

随机访问企业工人、基地农户和有关技术人员,了解产品生产及管理情况的第一手资料。

（四）查阅文件、记录及票据

通过查阅文件，了解申请用标企业全程质量控制措施及申请用标产品质量；通过查阅记录及票据，核实申请用标企业生产和管理的情况及控制的有效性和真实性。

（1）企业及自建基地的质量管理制度、原料及投入品购销合同、区分管理制度、污染防控措施、设备仪器的维护保养制度等。

（2）生产及其管理记录（包括不同批次产品投料单）、生产原料购买票据及使用记录、产品检验记录、原料及产品出入库票据或记录、销售记录、卫生管理记录、培训记录等。

（五）总结会议

申请用标企业主要负责人及各生产管理部门负责人参加。

（1）管理员作会议总结，向企业说明现场检查结果，提出建议或整改意见，现场填写《绿色食品生产资料企业检查表》。

（2）企业可以对现场检查的报告进行评论，提出不同意见，进行解释和说明。

（3）对有争议的事实，必要时可进行核实，确保现场检查结果真实有效，评估结论客观公正。

三、现场检查工作要求

（1）管理员应对每个检查程序进行拍照，并附于《绿色食品生产资料企业检查表》后。

（2）管理员要在检查和谈话中收集信息，做好记录和必要资料的收集，并进行拍照和实物取证，应主动提出问题。

（3）对于现场检查中发现的问题，管理员在现场记录中及时记载，同时由申请用标企业陪同人员签名，对记载的"事实"加以确认。

（4）企业对管理员提出的建议和整改意见，应予重视，及时改进；对有争议的问题可以解释和说明。

A.核定申请用标产品的名称、产量及申报量；是否是系列产品。

B.企业周边污染源和潜在污染源分布和治理情况；企业"三废"排放及治理情况。

C.对自建原料基地，应询问生产组织及管理制度，投入品（肥料、农药）供应及使用的管理。自行（代）加工原料的，应询问生产管理形式，区分管理制度和措施。

D.文审及申请用标企业情况介绍中的疑问。

E.有关产品关键控制点的问题。

四、《绿色食品生产资料企业检查表》填写事项

管理员根据现场检查的实际情况，从企业概况、企业管理、生产条件、质量管理、质检能力等方面当场填写《绿色食品生产资料企业检查表》。

（1）要求按照现场检查所发现的"事实"进行描述，并举证。

（2）管理员用钢笔或签字笔填写，可打印，不可由他人代填。

（3）申请用标企业负责人签字，对检查表各项评估及问题与建议加以确认。

（一）企业概况

（1）由管理员对企业申报内容核定后填写。

（2）核定结果要经企业认可。

（二）企业管理

（1）企业机构设置合理，部门分工明确。

（2）企业领导及主要部门负责人必须熟悉业务，懂管理并履行其职责。

（3）生产管理人员除专业业务外，还须掌握绿色食品生产资料基本知识。

（三）生产条件

（1）生产场所环境及其设施应满足生产需要，保证产品质量。

（2）厂房、库房及设备、设施应满足生产工艺要求，无隐患。

（3）建有维护保养制度，设施、设备、工具及容器保养良好。

（4）厂区及生产场所环境要符合环保要求；对"三废"有防控措施。

（四）质量管理

（1）产品执行标准符合相关的国家、行业及地方标准，符合绿色食品生产资料标志许可条件，企业标准须经备案。

（2）质量管理要有部门及专人负责；管理人员、技术人员具有相应的素质。

（3）原料及辅料有固定的供货渠道及验收制度，质量符合绿色食品生产资料的相关要求。

（4）工艺规程、生产投入品符合绿色食品生产资料相关要求，不添加绿色食品生产资料违禁品，有保证产品质量的制度和措施。

（5）绿色食品生产资料与非绿色食品生产资料有区分管理措施。

（五）质检能力

（1）一般要求有自检能力。有企业的质检室（有必要的仪器设备）和掌握检测方法的人员；检测结果准确、可追踪。

（2）原料和产品的检测要依据执行标准的要求进行。

（3）不能自检的企业要有委托检验单位。检测结果能快速地对原料、产品质量做出判断。

（六）检查结果

（1）对检查结果进行汇总，按A、B、C各级的总数及关键项和一般项分别统计。

（2）检查项目全部"合格"的，可以申报绿色食品生产资料。关键项2.2、3.4、3.5、3.7、3.8、3.11中有一项为"不合格"的，一年之内不得申报。"基本合格"以下的项目，限一个月内完成整改，再次现场检查合格的，可以申报绿色食品生产资料；限期整改后仍不合格的，一年之内不得申报。

（七）总体评价

管理员综合检查情况，对申请用标企业及其产品的原料来源、投入品使用和质量管理体系等进行全面评估，提出初审建议和同意申报理由，并签名对检查负责。

绿色食品生产资料企业检查表

中国绿色食品协会

说　明

1.根据《绿色食品生产资料标志管理办法》规定，制定的《绿色食品生产资料企业检查表》适用于绿色食品生产资料企业的现场检查评价。

2.本检查表分为企业概况和企业管理、生产条件、质量管理、质检能力。"企业概况"中各项由绿色食品生产资料管理员核定后填写，其他四个部分需检查，共有35项。其中，"*"代表关键项，应重点检查。

3.检查组按检查内容及其要求，对企业逐项进行检查并评定。评定分为"合格"、"基本合格"（但存在问题）、"不合格"三级，分别打上"A""B""C"符号。对"B""C"项具体说明存在的问题及其改进或纠正意见。

4.申报产品不涉及的项目，应在"□无"内打钩。

5.对检查结果进行汇总，按A、B、C各级的总数及关键项和一般项分别统计。

6.检查项目全部"合格"的，可以申报绿色食品生产资料。关键项2.2、3.4、3.5、3.7、3.8、3.11中有一项为"不合格"的，一年之内不得申报。"基本合格"及以下的，限期一个月内整改，再次现场检查合格的，可以申报绿色食品生产资料；限期整改后仍不合格的，一年之内不得申报。

7.《绿色食品生产资料企业检查表》要求在现场填写。现场检查完成后，要求申请企业法人（或总经理）签字，对检查结果及意见加以确认。

8."总体评价"要求详细说明对企业及其产品的总体评价、同意申报的理由。

企业概况

申报单位			企业性质		
产品名称及申报量*		注册商标		品种	☐单一 ☐系列 ☐多个
产量	吨/年	销售量	国内	吨/年，国外	吨/年
销售地域及出口国					
销售价	国内	元/吨，国外		元/吨	
技术力量	高级职称	人，中级职称	人，初级职称		人
	依托单位（或专家）：				
	合作方式：				

主要车间、实验室名称	任务	规模、主要仪器设备

工艺流程（列出过程及各过程添加物）：

原料名称	比例	来源	年进货量	购货方式

注：申报产品为系列或多个产品时，"产品名称及申报量"可另附页详细说明。

1.企业管理

序号	检查内容	检查方法	标准	评定	说明
1.1	机构设置部门分工	查阅文件查阅记录座谈了解	企业设有生产管理、质量管理、采购和销售部门,有专(兼)职人员负责。部门职责分工明确,工作开展较好	□合格	
			机构设置和人员配备尚为合理,工作开展一般	□基本合格	
			机构设置和人员配备不全或不合理,职责不清	□不合格	
1.2	企业领导	座谈了解查阅文件查阅记录	企业领导有专人全面负责企业的生产、质量管理工作,主管人具有中级以上专业技术职称或有多年实际工作经验,熟悉业务,懂管理,并履行了职责	□合格	
			生产质量主管人具有一定专业知识和工作经验,履行职责尚好	□基本合格	
			企业未确定专门负责人,或负责人未能履行职责	□不合格	
1.3	主要部门(研发、质管、车间主任、配料、质检等)负责人	座谈了解查阅文件查阅记录	主要技术岗位、管理部门负责人必须有中级以上职称或大专以上学历的技术职称,具备本岗位相应的技术和技能,完成工作任务较好	□合格	
			人员齐备,一般尚能完成工作任务	□基本合格	
			人员不齐备或技术力量较弱,难以胜任工作	□不合格	
*1.4	生产管理人员须掌握绿色生资基本知识	查阅文件查阅记录现场提问	生产管理人员经培训,掌握绿色生资基本知识,严格按绿色生资要求管理生产	□合格	

序号	检查内容	检查方法	标准	评定	说明
*1.4	生产管理人员须掌握绿色生资基本知识	查阅文件 查阅记录 现场提问	生产管理人员对绿色生资基本知识有所了解，尚能按绿色生资要求管理生产	□基本合格	
			生产管理人员对绿色生资基本知识不了解	□不合格	
1.5	特殊工种人员	查阅文件 查阅记录 查看证书	有专职机械设备、水电维修人员，都取得相应的资格证书	□合格	
			有专职人员，少数人未取得资格证书，但有多年工作经验	□基本合格	
			无专职人员，或大多数人员未取得资格证书	□不合格	
1.6	文件管理	查看制度 查看文件 查看记录	有文件管理制度，有部门或人员管理，文件管理到位	□合格	
			文件管理尚可	□基本合格	
			企业无管理制度，无部门或人员管理，文件管理较差乱	□不合格	

2.生产条件

序号	检查内容	检查方法	标准	评定	说明
2.1	厂区及生产场所环境	现场查看	各种污染源对厂区无污染，厂区清洁、平整无积水，生产区与生活区隔离较远	□合格	
			污染源影响不大，厂区平整。不太清洁，生产区与生活区有隔离但较近	□基本合格	
			污染源有影响，厂区不清洁、有积水，生产区与生活区无隔离	□不合格	
*2.2	污染防控措施	查阅环保验收文件 现场查看	对污染有防控措施，"三废"排放达标，无异味，无垃圾和杂物堆放	□合格	

续表

序号	检查内容	检查方法	标准	评定	说明
*2.2	污染防控措施	查阅环保验收文件现场查看	"三废"排放达标,但略有不足	□基本合格	
			"三废"排放未达标,或有异味,垃圾和杂物未合理置放与处置	□不合格	
2.3	厂房	现场考察实地测量	有固定的并符合要求的标准厂房,生产车间的结构、高度、设施等能满足生产要求(如温湿度、亮度、空气洁净度)	□合格	
			厂房存在缺陷,但有辅助补救措施	□基本合格	
			不能满足生产要求	□不合格	
2.4	库房(原料及产品库)	现场查看查阅记录	库房整洁,有良好的防潮、防火、防鼠、防虫等设施(不使用化学药剂),库房温湿度符合原辅料、成品存放要求,物品摆放合理,保存良好	□合格	
			库房尚整洁,设施不够完善,物品保存一般	□基本合格	
			库房不整洁、较乱,无防患设施或使用化学药剂防虫杀鼠,物品保存不好	□不合格	
2.5	生产设备和配套设施	查阅台账现场查看查阅记录	设备和设施的配备及其性能、精度能满足生产工艺的要求	□合格	
			具有必备的生产设备,但个别设备需要完善	□基本合格	
			生产设备不齐全,或其性能、精度不能满足生产工艺的要求	□不合格	

续表

序号	检查内容	检查方法	标准	评定	说明
2.6	设施、设备、工具及容器等维护保养和清理	查阅文件现场查验查阅记录	建有维护保养制度,设施、设备、工具及容器保养良好,使用前、后按规定进行清洁、护理	□合格	
			建有制度,但执行不够严格	□基本合格	
			未建立维护保养制度,或虽有制度,但并未执行	□不合格	

3.质量管理

序号	检查内容	检查方法	标准	评定	说明
* 3.1	质量标准	查阅标准查阅证明	产品执行标准符合相关的国家、行业及地方标准,符合绿色生资标志许可条件,系列产品制定有企业标准并经备案	□合格	
			企业标准个别项目不明确(限期改进)	□基本合格	
			无企业标准或未经备案	□不合格	
* 3.2	人 员	质量管理部门	座谈了解	有专门机构和专人负责质量管理,厂级一名领导主管质量,管理人员熟知质量目标,具有一定的质量管理和产品生产知识,管理严谨	□合格	
			有机构,管理人员到位,但管理不够严谨	□基本合格	
			机构、人员不齐备,或人员不具备管理素质,管理较差	□不合格	
3.3		生产部门	座谈了解	生产技术人员了解质量标准和相关要求,有较高的专业技术知识,能掌握生产关键点,严格执行相关标准	□合格	

序号	检查内容	检查方法	标准	评定	说明
3.3	人员	生产部门	座谈了解	技术人员了解质量标准，掌握一定的专业知识，一般能执行相关标准	□基本合格	
				技术人员不太了解质量标准和相关要求，不能认真执行标准	□不合格	
*3.4	原料及辅料	原料、辅料来源	查阅票据库房核查	原、辅料有固定的供货渠道，与供货单位签有长期合同，合同及发票齐全	□合格	
				原、辅料由正规公司（商店）购入，每年签订合同，合同及发票齐全	□基本合格	
				原、辅料购自市场，无固定供货单位，无合同、发票	□不合格	
*3.5		原料（种植产品）质量	查阅证书查阅合同、发票查阅记录	通过认定的绿色食品；或绿色食品标准化生产基地的产品；或经绿色食品工作机构认定，按绿色食品生产方式生产，达到绿色食品标准的自建基地的产品	□合格	
				原料非绿色食品，或证书已过有效期，或自建基地，未达到绿色食品质量要求；含有转基因及其他禁用成分	□不合格	
*3.6		自行（代）加工原料（如豆粕）	现场（库房、加工场）查看查阅记录	加工原料、加工工艺及其产品符合绿色食品（生资）有关标准要求，有符合工艺要求的配套加工设备和设施，代加工品与非绿色食品区分管理制度和措施健全	□合格	
				原料、工艺、产品基本都能达到绿色食品标准要求，但代加工的区分管理措施须完善	□基本合格	
				原料、工艺、产品任一项未能达到绿色食品标准要求，代加工的无区分管理制度和措施	□不合格	

续表

序号	检查内容	检查方法	标准	评定	说明
*3.7	原料及辅料	其他原料、辅料	查阅记录	产品按规定获得生产许可证、批准文号、登记证等；产品等级符合要求；天然植物符合GB／T19424要求	□合格	
				未按规定获得有关证件，或产品等级不符合要求；天然植物不符合国标要求	□不合格	
*3.8		微生物菌种	查阅证明文件	生产用菌种获得具法定资质的检测机构出具的安全鉴定报告	□合格	
				无菌种安全鉴定报告，或检测单位不具法定资质	□不合格	
*3.9		原料检测、验收制度	查阅文件查阅检测报告查阅记录	原料有验收制度，每批次对主要成分和有害物进行检测	□合格	
				原料有验收制度，由供货方提供检测报告或定期抽样检测	□基本合格	
				未建立验收制度，或必要的检测未进行；无相关记录	□不合格	
*3.10	生产过程	工艺规程	查阅文件	各工段制定有生产工艺规程、生产流程图或作业指导书。有关键质量控制点及其操作控制程序。规程符合绿色生资质量标准的要求，并经正式批准。有生产过程质量管理制度及相应的考核办法	□合格	
				有规程和管理制度，但无考核办法	□基本合格	
				无操作规程，或无质量管理制度及相应的考核办法	□不合格	
*3.11		生产投入品	查阅记录查看库房	所用生产投入品符合绿色生资相关规定，不添加使用绿色生资违禁品	□合格	
				生产投入品为绿色生资违禁品，或含有违禁品成分	□不合格	

续表

序号	检查内容	检查方法	标准	评定	说明
3.12	操作人员	现场查看 查阅记录 座谈了解	操作人员能按工艺文件正确进行生产操作；主要工段操作人员经有关部门培训，持证上岗	□合格	
			个别人员未完全按工艺文件进行生产操作	□基本合格	
			较多人员未按工艺文件进行生产操作；主要工段操作人员未经培训，无证上岗	□不合格	
*3.13	生产过程 生产记录和台账	查阅记录	各生产工序有记录；有完整的安全及质量台账，由专人负责，责任人（验收人）签字	□合格	
			有记录和台账，但无专人负责和验收	□基本合格	
			无记录和台账，或未形成制度	□不合格	
3.14	安全生产	查阅记录 现场查看	主要仪器设备有操作和定期维修记录，有安全生产制度和应急措施	□合格	
			有记录、制度和措施，但不够完善	□基本合格	
			无记录，无安全生产制度和应急措施	□不合格	
3.15	产品 半成品和成品检验	查看报告 现场查看	有半成品和成品检验制度，按规定方法在生产过程中和出厂前对半成品和成品进行检验，有完整的检验记录	□合格	
			检验工作和记录工作不够完善，或仅对成品检验	□基本合格	
			无检验制度（尤其成品）	□不合格	

续表

序号	检查内容	检查方法	标准	评定	说明
* 3.16	产品	不合格产品的管理	现场查看 查阅记录	按不合格产品管理规定及时进行处理，并上报质管部门，查找并解决问题。有措施保证不合格产品不出厂	□合格	
			按规定处理不合格产品，但未进一步查找原因	□基本合格	
			无有关规定，或未执行规定	□不合格	
3.17		出厂产品	现场查看	出厂产品有检验合格证，包装良好，标签符合有关规定，使用说明清楚	□合格	
			有检验合格证，包装尚好，标签和说明存在不足	□基本合格	
			无检验合格证，包装、标签和说明存在问题	□不合格	
* 3.18		绿色生资和非绿色生资区分管理	查看文件 现场查看	绿色生资生产全程与非绿色生资有区分度管理制度和防混措施，效果良好	□合格	
			有制度，措施尚需完善，效果一般	□基本合格	
			无制度，或缺少有效措施	□不合格	
3.19		售后服务	查看文件 查看记录	对产品质量有承诺保证措施，有售后服务网络，人员落实，对反馈信息及时处理，并记录在案	□合格	
			对产品质量有承诺保证措施，售后服务尚有不足	□基本合格	
			无承诺保证措施，无人管理售后服务	□不合格	

4.质检能力

序号	检查方法	检查内容	标准	评定	说明
4.1	现场查看 查看记录 查看证书	质检室和 人员	有专门质检室，其设施、仪器设备符合检测项目的要求。负责人具有大专以上学历。检验员具有中专以上学历，经培训持证上岗	□合格	
			质检室及其设施、设备、人员基本符合要求，但负责人非专职，或少数检验员未经培训	□基本合格	
			设施、仪器设备不符合检测项目的要求，或人员不能适应工作需要	□不合格	
4.2	查看证书	计量仪器 设备	经计量部门检定，并在有效期内	□合格	
			未经检定，或有效期已过	□不合格	
4.3	查看证件 查看合同	委托检验	委托单位是法定资质的质量监测机构，有委托合同，检测任务、标准明确	□合格	
			委托检测任务和标准不够明确	□基本合格	
			委托单位不具法定资质，或无合同	□不合格	
* 4.4	查看记录 现场查看	检测	有操作规程，有检测指标和检验方法，有规范的检测记录(原始、检测报告)，试剂标签规范健全，采用法定计量单位。留样、存档三年以上	□合格	
			基本符合上述标准，但记录不够规范，存档时间稍短	□基本合格	
			无规范，或无完整记录，标签不规范，无留样存档制度	□不合格	

5.检查结果

合格项总数		关键项	一般项
基本合格项总数		关键项	一般项
不合格项总数		关键项	一般项
不涉及项目数			
意见	□ 全部合格,同意申报		
	□ 暂缓申报,限期整改(1个月内完成)		
	□ 不同意申报		
企业对检查 结论意见			

管理员签字: 企业负责人签字(盖章):

　　年　　月　　日   年　　月　　日

6.总体评价

　　　　　　　　　　　　　　　　　　管理员签字:

　　　　　　　　　　　　　　　　　年　　月　　日(盖章)

第五章
绿色食品生产资料证后监管

　　绿色食品生产资料标志用以标识和证明适用于绿色食品生产的生产资料，是在国家知识产权局商标局注册的证明商标。中国绿色食品协会是绿色食品生产资料商标的注册人，其专用权受法律保护。绿色食品生产资料管理实行证明商标使用许可制度，使用有效期为三年。为保障绿色食品生产资料的质量、规范标志使用，中国绿色食品协会每年组织开展企业年度检查、产品质量抽检等监管工作。

第一节　年度检查

　　浙江省绿色食品生产资料年度检查（简称年检）工作由浙江省农产品质量安全中心委托浙江省绿色农产品协会具体负责，对辖区内获得绿色食品生产资料标志使用权的企业，在一个标志使用年度内的绿色食品生产资料生产经营活动、产品质量及标志使用行为实施监督、检查、考核、评定等。所有绿色食品生产资料企业在三年的标志使用期内每年都必须进行年检，第三年度年检工作可由续展审核检查替代。

年度检查一般在企业使用绿色食品生产资料标志一个年度期满前2个月，由省绿色农产品协会向企业发出实施年检通知，告知年检程序和要求。

一、企业自检

接到通知后，企业尤其是企业内检员应按年检内容和要求对年度用标情况进行自检，并向省绿色农产品协会提交自检报告。绿色食品生产资料管理员对企业自检报告进行审查，并确定企业年检的重点和日程。

企业内检员

绿色食品生产资料企业内部检查员，是指绿色食品生产资料企业内部负责绿色食品生产资料质量管理和标志使用管理的专业人员。具有在本企业工作三年以上经历的内部工作人员，经过相应培训，考试合格并按要求完成注册，可取得企业内部检查员资质。企业内部检查员职责如下：

1.宣传贯彻绿色食品生产技术标准。

2.按照绿色食品生产资料使用准则和《绿色食品生产资料标志管理办法》及其实施细则，协调、指导、检查和监督企业内部绿色食品生产资料原料采购、投入品使用、产品检验、包装印刷、广告宣传等工作。

3.配合绿色食品工作机构开展绿色食品生产资料监督管理工作。

4.负责绿色食品生产资料相关数据及信息的汇总、统计、编制，及与各级绿色食品工作机构的沟通工作。

5.承担本企业绿色食品生产资料证书和《绿色食品生产资料标志商标使用许可合同》的管理，以及产品增报和续展工作。

6.开展对企业内部员工有关绿色食品生产资料知识的培训。

二、现场检查

省绿色农产品协会指派绿色食品生产资料管理员按年检内容及检查重点对企业进行现场检查。在现场检查时，绿色食品生产资料管理员填写《绿色食品生产资料年度检查表》。

绿色食品生产资料年度检查表

（   年）

企业名称			
企业地址			
联系人		电话(手机)	
获证产品	注册商标	证书编号	批准产量
是否增加产量		标志许可使用费缴费时间	
问题	以往现场检查(申报、年检、抽检等)中存在的问题：		

续表

改进情况	
企业年度生产经营情况	
原、辅料来源情况	
产品质量控制体系情况	
绿色食品生产资料标志使用情况	
生产场所环保达标情况	
标志使用费缴纳情况	
绿色食品生产资料管理员现场检查意见	管理员（签字）： 年　月　日

续表

企业意见	法人（签字）： （加盖企业印章） 年　　月　　日
省绿色农产品 协会意见	负责人（签字）： （加盖印章） 年　　月　　日
省级绿色食品工 作机构意见	负责人（签字）： （加盖印章） 年　　月　　日

注：年检时企业应向绿色食品生产资料管理员提供获证产品证书原件、留档申报材料、本年度原料采购发票、产品包装实样、标志许可使用费缴费凭证等。

《绿色食品生产资料年度检查表》重点填写注意事项：

（1）产品质量控制体系情况。

企业的绿色食品生产资料管理机构设置和运行情况；严格执行绿色食品生产资料与非绿色食品生产资料（原料、成品）防混控制措施，企业绿色食品生产资料原、辅料购销合同（协议）及其执行情况；发票和出入库记录登记等情况；自建原料基地的环境质量、基地范围、生产组织及质量管理体系等变化情况；产品生产操作规程、产品标准及绿色食品投入品准则执行情况；是否存在违规使用绿色食品生产资料禁用或限用物料情况；产品检验制度、不合格半成品和成品处理制度执行情况。

（2）规范使用绿色食品生产资料标志情况。

指导企业严格按照证书核准的产品名称、商标名称、获证单位、核准产量、产品编号和标志许可期限等规范使用绿色食品生产资料标志。产品包装设计符合国家相关产品包装标签标准和《绿色食品生产资料证明商标设计使用规范》的要求。

（3）绿色食品生产资料使用许可合同执行情况。

督促企业按照《绿色食品生产资料标志商标使用许可合同》的规定按时、足额缴纳标志许可使用费。

（4）其他。

检查企业的法人代表、地址、商标、联系人、联系方式等变更情况；接受国家法定登记管理部门和行政管理部门的产品质量监督检验情况；具备生产经营的法定条件和资质情况；进行重大技术改造和工业"三废"处理情况；产品销售及使用效果情况；审核检查和上年度现场检查中存在问题的改进情况。

三、证书核准

省绿色农产品协会对企业递交的年检材料进行证书核准，材料包括《绿色食品生产资料年度检查表》、标志许可使用费当年缴费凭证、绿色食品生产资料证书原证。省绿色食品协会在收到申请后5个工作日内完成核准程序，并在证书上加盖"绿色食品生产资料年检合格章"。对年检结论为整改的企业，必须于接到通知之日起一个月内完成整改，并将整改措施和结果报告省级工作机构，并经验收合格后方能通过年检；对年检结论为不合格的企业，省级工作机构按照有关规定，报请中国绿色食品协会取消其标志使用权并予以公告。

省绿色农产品协会建立年检档案制度，完整的企业年检工作档案内容包括产品用标概况、年检时间、年检中的问题（质量、用标、缴费、其他）及处理意见、绿色食品生产资料管理员签字等，档案至少保存三年。

第二节　年度抽检

中国绿色食品协会每年对有效期内的绿色食品生产资料产品采取监督性抽查检验。中国绿色食品协会统一制订抽检计划，委托相关绿色食品生产资料质量监测机构按计划实施，省绿色农产品协会予以配合。浙江省推荐检测单位为：绿城农科检测技术有限公司（肥料、食品添加剂、饲料及饲料添加剂），联系电话为0571-85291115。浙江省化工研究院（农药），联系电话为0571-85225773。

监测机构根据抽检计划和专项检测任务，赴相关企业规范随机抽取样品，也可以由绿色食品生产资料管理员抽样并寄送监测机构。监测机构应于时限前完成抽检，并将检验报告分别寄送协会、相关省绿色食品工作机构和企业。抽检合格产品的检测报告可以作为续展产品检测报告使用。

　　抽检不合格的产品，被抽检企业如有异议，应于收到报告之日起15日内向协会提出书面复议申请，否则视为认可检验结果，依法取消该产品绿色食品生产资料标志使用权；通知要求整改的企业，须于接到通知之日起一个月内完成整改，并将整改措施和结果报告省绿色农产品协会，经整改验收合格后可继续使用绿色食品生产资料标志，复检不合格的取消其标志使用权。

绿色食品生产资料管理员

　　绿色食品生产资料管理员是经中国绿色食品协会核准注册的从事绿色食品生产资料审核、现场检查的人员。绿色食品生产资料管理员应完成课程培训，通过考试，取得培训合格证书，并按要求完成注册才能取得绿色食品生产资料管理员证书。绿色食品生产资料审核和现场检查实行管理员负责制。管理员须在审核报告和现场检查报告上签字，对检查结果负责。

附录
绿色食品生产资料相关管理条例

（1）《绿色食品生产资料标志管理办法》。

（2）《绿色食品生产资料标志管理办法实施细则（肥料）》。

（3）《绿色食品生产资料标志管理办法实施细则（农药）》。

（4）《绿色食品生产资料标志管理办法实施细则（食品添加剂）》。

（5）《绿色食品生产资料标志管理办法实施细则（兽药）》。

（6）《绿色食品生产资料标志管理办法实施细则（饲料及饲料添加剂）》。

（7）《绿色食品生产资料年度检查工作管理办法》。

附录一
绿色食品生产资料标志管理办法

第一章 总则

第一条 为了加强绿色食品生产资料（以下简称绿色生资）标志管理，保障绿色生资的质量，促进绿色食品事业发展，依据《中华人民共和国商标法》、《中华人民共和国农产品质量安全法》和《绿色食品标志管理办法》等相关规定，制定本办法。

第二条 本办法中所称绿色生资，是指获得国家法定部门许可、登记，符合绿色食品生产要求以及本办法规定，经中国绿色食品协会（以下简称协会）审核，许可使用特定绿色生资标志的生产投入品。

第三条 绿色生资标志是在国家知识产权局商标局注册的证明商标，协会是绿色生资商标的注册人，其专用权受《中华人民共和国商标法》保护。

第四条 绿色生资标志用以标识和证明适用于绿色食品生产的生产资料。

第五条 绿色生资管理实行证明商标使用许可制度。协会按照本办法规定对符合条件的生产资料企业及其产品实施标志使用许可。未经协会审核许可，任何单位和个人无权使用绿色生资标志。

第六条 绿色生资标志使用许可的范围包括：肥料、农药、饲料及饲料添加剂、兽药、食品添加剂，及其他与绿色食品生产相关的生产投入品。

第七条 协会负责制定绿色生资标志使用管理规则，组织开展标志使用许可的审核、颁证和证后监督等管理工作。省级绿色食品工作机构（以下简称省级工作机构）负责受理所辖区域内使用绿色生资标志的申请、现场检查、材料审核和监督管理工作。

第八条 各级绿色食品工作机构应积极组织开展绿色生资推广、应用与服务工作，鼓励和引导绿色食品企业和绿色食品原料标准化生产基地优先使用绿色生资。

第二章 标志许可

第九条 凡具有法人资格，并获得相关行政许可的生产资料企业，可作为绿色生资标志使用的申请人。申请人应当具备以下资质条件：

（一）能够独立承担民事责任；

（二）具有稳定的生产场所及厂房设备等必要的生产条件，或依法委托其他企业生产绿色生资申请产品；

（三）具有绿色生资生产的环境条件和技术条件；

（四）具有完善的质量管理体系，并至少稳定运营一年；

（五）具有与生产规模相适应的生产技术人员和质量控制人员。

第十条 申请使用绿色生资标志的产品（以下简称用标产品）必须同时符合下列条件：

（一）经国家法定部门许可；

（二）质量符合企业明示的执行标准（包括相关的国家、行业、地方标准及备案的企业标准），符合绿色食品投入品使用准则，不造成使用对象产生和积累有害物质，不影响人体健康；

（三）有利于保护或促进使用对象的生长，或有利于保护或提高使用对象的品质；

（四）在合理使用的条件下，对生态环境无不良影响；

（五）非转基因产品和以非转基因原料加工的产品。

第十一条 申请和审核程序：

（一）申请人向省级工作机构提出申请，并提交《绿色食品生产资料标志使用申请书》及相关证明材料（一式两份）。有关申请表格可通过协会网站（www.greenfood.agri.cn/lsspxhpd）或中国绿色食品网（www.greenfood.agri.cn）下载。

（二）省级工作机构在15个工作日内完成对申请材料的初审。初审符合要求的，组织至少2名有资质的绿色生资管理员在30个工作日内对申请用标企业及产品的原料来源、投入品使用和质量管理体系等进行现场检查，并提出初审意见。初审合格的，将初审意见及申请材料报送协会。初审和现场检查不符合要求的，做出整改或暂停审核决定。

省级工作机构应当对初审结果负责。

（三）协会在20个工作日内完成对省级工作机构提交的初审合格材料和现场检查情况的复审。在复审过程中，协会可根据有关生产资料行业风险预警情况，委托省级工作机构和具有法定资质的监测机构对申请用标产品组织开展常规检项之外的专项检测，检测费用由申请使用绿色生资标志的企业（以下简称申请用标企业）承担。必要时，协会可进行现场核查。

（四）复审合格的，协会组织绿色生资专家评审委员会在15个工作日内完成对申请用标产品的评审。复审不合格的，协会在10个工作日内书面通知申请用标企业，并说明理由。

（五）协会依据绿色生资专家评审委员会的评审意见，在15个工作日内做出审核结论。

第十二条 审核结论合格的，申请用标企业与协会签订《绿色食品生产资料标志商标使用许可合同》（以下简称《合同》）。审核结论不合格的，协会在10个工作日内书面通知申请企业，并说明理由。

第十三条 按照《合同》约定，申请用标企业须向协会分别缴纳绿色生资标志使用许可审核费和管理费。

第十四条 完成上述事项后，由协会颁发《绿色食品生产资料标志使用证》（以下简称"使用证"）。

第十五条 协会对获得绿色生资标志使用许可的产品（以下简称获证产品）予以公告。公告内容包括：企业名称、获证产品名称、编号、商标、核准产量和标志使用有效期等内容。

第十六条 初审、现场检查和综合审核中任何一项不合格者，本年度不再受理其申请。

第三章　标志使用

第十七条 获证产品必须在其包装上使用绿色生资标志和绿色生资产品编号。具体使用式样参照《绿色食品生产资料证明商标设计使用规范》执行。

第十八条 绿色生资标志产品编号形式及含义如下：

LSSZ ── ×× ── ×× ×× ×× ××××

绿色生资　　　产品　　　核准　核准　省份　产品序号

　　　　　　类别　　　年份　月份　（国别）

省份代码按全国行政区划的序号编码；国外产品，从51号开始，按各国第一个产品获证的先后为序依次编码。

产品编号在绿色生资标志连续许可使用期间不变。

第十九条 获得绿色生资标志许可使用的企业（以下简称获证企业）可在其获证产品的包装、标签、说明书、广告上使用绿色生资标志及产品编号。标志和产品编号使用范围仅限于核准使用的产品和数量，不得擅自扩大使用范围，不得将绿色生资标志及产品编号转让或许可他人使用，不得进行引起他人产生误解的宣传。

第二十条 获证产品的包装标签必须符合国家相关标准和规定。

第二十一条 绿色生资标志许可使用权自核准之日起三年内有效,到期愿意继续使用的,须在有效期满前90天提出续展申请。逾期视为放弃续展,不得继续使用绿色生资标志。

第二十二条 "使用证"所载产品名称、商标名称、单位名称和核准产量等内容发生变化,获证企业应及时向协会申请办理变更手续。

第二十三条 获证企业如丧失绿色生资生产条件,应在一个月内向协会报告,办理停止使用绿色生资标志的有关手续。

第四章 监督管理

第二十四条 协会负责组织绿色生资产品质量抽检,指导省级工作机构开展企业年度检查和标志使用监察等监管工作。

第二十五条 省级工作机构按照属地管理原则,负责本地区的绿色生资企业年度检查、标志使用监察和产品质量监督管理工作,定期对所辖区域内获证的企业和产品质量、标志使用等情况进行监督检查。

第二十六条 获证企业有下列情况之一的,由省级工作机构作出整改决定:

(一)获证产品未按规定使用绿色生资标志、产品编号的;

(二)获证产品的产量(指实际销售量)超过核准产量的;

(三)违反《合同》有关约定的。

整改期限为一个月,整改合格的,准予继续使用绿色生资标志;整改不合格的,由省级工作机构报请协会取消相关产品绿色生资标志使用权。

第二十七条 对发生下列情况之一的获证企业,由协会对其作出取消绿色生资标志使用权的决定,并予以公告:

(一)许可使用绿色生资标志产品不能持续符合绿色生资技术规范要

求的;

（二）违规添加绿色生资禁用品的;

（三）擅自全部或部分采用未经协会核准的原料或擅自改变产品配方的;

（四）未在规定期限内整改合格的;

（五）丧失有关法定资质的;

（六）将绿色生资标志用于其他未经核准的产品或擅自转让、许可他人使用的;

（七）违反《合同》有关约定的。

第二十八条 获证企业自动放弃或被取消绿色生资标志使用权后,由协会收回其"使用证"。

第二十九条 获证企业应当严格遵守绿色生资标志许可条件和监管制度,建立健全质量控制追溯体系,对其生产和销售的获证产品的质量负责。

第三十条 任何单位和个人不得伪造、冒用、转让、买卖绿色生资标志和"使用证"。

第三十一条 从事绿色生资标志管理的工作人员应严格依据绿色生资许可条件和管理制度,客观、公正、规范地开展工作。凡因未履行职责导致发生重大质量安全事件的,依据国家相关规定追究其相应的责任。

第五章　附则

第三十二条 协会依据本办法制定相应实施细则。

第三十三条 境外企业及其产品申请绿色生资标志使用许可的有关办法,由协会另行制定。

第三十四条 本办法由协会负责解释。

第三十五条 本办法自2019年8月26日起施行,原《绿色食品生产资料标志管理办法》及其实施细则同时废止。

附录二
绿色食品生产资料标志管理办法实施细则
（肥料）

第一章 总则

第一条 根据《绿色食品生产资料标志管理办法》（以下简称《管理办法》），制定本细则。

第二条 本细则适用于申请使用绿色食品生产资料标志（以下简称绿色生资标志）的肥料产品，包括有机肥料、微生物肥料、有机无机复混肥料、微量元素水溶肥料、含腐植酸水溶肥料、含氨基酸水溶肥料、中量元素肥料、土壤调理剂，以及农业农村部登记管理的、适用于绿色食品生产的其他肥料。

第二章 标志许可

第三条 申请使用绿色生资标志的肥料产品必须具备下列条件：

（一）企业在农业农村部或农业农村部授权的有关单位办理备案登记手续，取得肥料登记证，并在有效期内；

（二）产品符合《绿色食品 肥料使用准则》（NY/T 394）要求。

第四条 申请人应向省级绿色食品工作机构（以下简称省级工作机构）提交下列材料（一式两份），并附目录，按顺序装订：

（一）《绿色食品生产资料标志使用申请书（肥料）》；

（二）企业营业执照复印件；

（三）产品肥料登记证复印件；

（四）委托其他企业加工的，应当提供委托加工合同（协议）、委托加工质量管理制度复印件；

（五）产品毒理试验报告复印件；

（六）产品添加微生物成分的，应提供使用的微生物种类（拉丁种、属名）及具有法定资质的检测机构出具的菌种安全鉴定报告复印件；已获农业农村部登记的微生物肥料所用菌种可免于提供；

（七）县级以上环保行政主管部门出具的环保合格证明或竣工环保验收意见或环境质量监测报告复印件；

（八）所有外购原料的购买合同及发票（收据）复印件；

（九）产品执行标准复印件，系列产品应有相应的备案后的企业标准；

（十）具备法定资质的第三方质量监测机构出具的一年内的产品质量检验报告复印件，产品质量检验报告应根据执行标准进行全项检测，且应包含杂质（主要重金属）限量和卫生指标（粪大肠菌群数、蛔虫卵死亡率）；

（十一）产品商标注册证复印件（包括续展证明、商标转让证明、商标使用许可证明等）；

（十二）含有绿色生资标志的包装标签及使用说明书的彩色设计样张；

（十三）绿色生资与非绿色生资生产全过程（从原料到成品）区分管理制度。如申请人生产的所有产品均申请绿色生资，应予以说明，可免于提交；

（十四）其他需提交的材料。

第五条 同类产品中，产品的成分、配比、名称等不同的，按不同产品分别申报。

第六条 审核程序如下：

（一）省级工作机构收到申请材料后，15个工作日内完成初审工作。初审内容包括：

1.材料审查

（1）申报产品是否符合第三条规定的条件；

（2）申请材料是否齐全、规范；

（3）同类产品中的不同产品是否按第五条的规定分别申报；

（4）产品有效成分及其他成分是否明确、安全，有效成分及杂质等含量是否符合绿色生资的要求。

材料不齐备的，企业应于10个工作日内补齐。

2.现场检查

初审符合要求的，省级工作机构组织绿色生资管理员在30个工作日内对申请用标企业及产品的原料来源、投入品使用和质量管理体系等进行现场检查，并填写《企业检查表》。现场检查应安排在申报产品生产加工时段进行，由至少2名有资质的绿色生资管理员共同完成。文审和现场检查不符合要求的，作出整改或暂停审核决定。

（二）文审和现场检查合格的，由省级工作机构组织签署意见，将一份申请材料和《企业检查表》一并报送中国绿色食品协会（以下简称协会），同时进行存档。

（三）协会收到初审材料后，在20个工作日内完成复审。

1.企业需补充材料的，应在20个工作日内，按审核通知单要求将申报材料补齐；

2.需加检的产品，由省级工作机构负责抽样，送检；

3.必要时，协会可派人赴企业检查，复审时限可相应延长。

（四）复审合格的，协会组织绿色生资专家评审委员会在15个工作日内完成对申请用标产品的评审。复审不合格的，协会在10个工作日内书面通知申请企业，并说明理由。

（五）协会依据绿色生资专家评审委员会的评审意见，在15个工作日内做出审核结论。

第七条 审核合格的，申请用标企业与协会签订《绿色食品生产资料标志商标使用许可合同》（以下简称《合同》）。

第八条 按照《合同》约定，申请用标企业须向协会缴纳绿色生资标志许可审核费和管理费。

第九条 完成上述事项后，由协会颁发绿色食品生产资料标志使用证（以下简称"使用证"），并对获得绿色生资标志使用许可的产品（以下简称获证产品）予以公告。

第三章 标志使用

第十条 绿色生资肥料产品的类别编号为"01"，编号形式如下：

LSSZ —— 01 —— ×× ×× ×× ××××

绿色生资	产品	核准	核准	省份	当年序列号
	类别	年份	月份	（国别）	

第十一条 获证产品的包装标签必须符合国家相关标准和规定，标明适用作物的种类，并按《绿色食品生产资料证明商标设计使用规范》要求，正确使用绿色生资标志。

第四章 监督管理

第十二条 协会负责组织绿色生资产品质量抽检，指导省级工作机构定期对获得绿色生资标志使用许可的企业（以下简称获证企业）进行监督管理，实施年度检查和标志使用监察等工作。

第十三条 企业年度检查由省级工作机构对获证企业进行现场检查，内容包括：

（一）生产过程及生产车间、产品质量检验室、库房等相关场所；

（二）生产厂区的环境及环保变化状况；

（三）企业各项管理制度执行情况及变化；

（四）查阅有关档案材料及票据，包括不同批次产品的原料配比及投料单、原料和产品的出入库凭证；

（五）规范用标情况；

（六）产品销售、使用效果及安全信息反馈情况。

第十四条　绿色生资产品质量监督抽检计划由协会制定，并下达有关质量监测机构和省级工作机构，产品抽样工作由省级工作机构协助监测机构完成。监测机构将检验报告分别提交协会、省级工作机构和有关获证企业。

检测结果关键项目一项不合格的，取消绿色生资标志使用权；非关键项目不合格的，限期整改。获证企业对检测结果有异议的，可以提出复检要求，复检费用自付。

第十五条　获证产品的肥料登记证被吊销，绿色生资标志许可也随之失效。

第十六条　当获证企业发生《管理办法》第二十五条中所列问题时，由省级工作机构作出整改决定。整改期限为一个月，整改合格的，准予继续使用绿色生资标志；整改不合格的，由省级工作机构报请协会，并由协会取消相关产品绿色生资标志使用权。

第十七条　当获证企业发生《管理办法》第二十六条中所列问题时，由协会作出取消绿色生资标志使用权的决定，并予以公告。

<h2 style="text-align:center">第五章　附则</h2>

第十八条　本细则由协会负责解释。

第十九条　本细则自颁布之日起施行。

附录三
绿色食品生产资料标志管理办法实施细则（农药）

第一章　总则

第一条　根据《绿色食品生产资料标志管理办法》（以下简称《管理办法》），制定本细则。

第二条　本细则适用于申请使用绿色食品生产资料标志（以下简称绿色生资标志）的农药产品，包括低毒的生物农药、矿物源农药及部分低毒、低残留有机合成农药等符合《绿色食品　农药使用准则》（NY/T 393）的农药产品。

第二章　标志许可

第三条　申请使用绿色生资标志的农药产品必须具备下列条件：

（一）企业在农业农村部办理检验登记手续，获得农药登记证，并在有效期内；

（二）产品符合《绿色食品　农药使用准则》（NY/T 393）要求。

第四条　申请人应向省级绿色食品工作机构（以下简称省级工作机构）提交下列材料（一式两份），并附目录，按顺序装订：

（一）《绿色食品生产资料标志使用申请书（农药）》

（二）企业营业执照复印件；

（三）农药生产许可证复印件；

（四）委托其他企业加工的，应当提供委托加工合同（协议）、委托加工质量管理制度、受托方的农药生产许可证复印件；

（五）农药登记证复印件；

（六）所使用原药的生产许可证复印件；

（七）所使用原药的农药登记证复印件；

（八）县级以上环保行政主管部门出具的环保合格证明或竣工环保验收意见或环境质量监测报告复印件；

（九）所有外购原药和助剂的购买合同及发票（收据）复印件；

（十）产品执行标准复印件，系列产品应有相应的备案后的企业标准；

（十一）具备法定资质的第三方质量监测机构出具的一年内的产品质量检验报告复印件，产品质量检验报告应根据执行标准进行全项检测；

（十二）产品商标注册证复印件（包括续展证明、商标转让证明、商标使用许可证明等）；

（十三）含有绿色生资标志的包装标签及使用说明书的彩色设计样张；

（十四）同类不同剂型产品中，绿色生资与非绿色生资生产全过程（从原料到成品）区分管理制度。如申请人生产的所有产品均申请绿色生资，应予以说明，可免于提交；

（十五）田间药效试验报告、毒理等试验报告、农药残留试验报告和环境影响试验报告的摘要资料。若无，应说明理由；

（十六）其他需提交的材料。

第五条 名称、有效成分含量或配比、剂型等不同的，按不同产品分别申报。

第六条 审核程序如下：

（一）省级工作机构收到申请材料后，15个工作日内完成初审工作。初审内容包括：

1.材料审查

（1）申报产品是否符合第三条规定的条件；

（2）申请材料是否齐全、规范；

（3）同类产品中的不同产品是否按第五条的规定分别申报；

（4）产品成分是否明确、完全，是否混配；有效成分及其他成分含量是否符合相关标准及绿色生资的要求；剂型是否标明。

材料不齐备的，企业应于10个工作日内补齐。

2.现场检查

初审符合要求的，省级工作机构组织绿色生资管理员在30个工作日内对申请用标企业及产品的原料来源、投入品使用和质量管理体系等进行现场检查，并填写《企业检查表》。现场检查应安排在申报产品生产加工时段进行，由至少2名有资质的绿色生资管理员共同完成。文审和现场检查不符合要求的，作出整改或暂停审核决定。

（二）文审和现场检查合格的，由省级工作机构组织签署意见，将一份申请材料和《企业检查表》一并报送中国绿色食品协会（以下简称协会），同时进行存档。

（三）协会收到初审材料后，在20个工作日内完成复审。

1.企业需补充材料的，应在20个工作日内，按审核通知单要求将申报材料补齐；

2.需加检的产品，由省级工作机构负责抽样，送检；

3.必要时，协会可派人赴企业检查，复审时限可相应延长。

（四）复审合格的，协会组织绿色生资专家评审委员会在15个工作日内完成对申请用标产品的评审。复审不合格的，协会在10个工作日内书面通知申请用标企业，并说明理由。

（五）协会依据绿色生资专家评审委员会的评审意见，在15个工作日内做出审核结论。

第七条 审核合格的，申请用标企业与协会签订《绿色食品生产资料标志商标使用许可合同》（以下简称《合同》）。

第八条 按照《合同》约定，申请用标企业须向协会缴纳绿色生资标志许可审核费和管理费。

第九条 完成上述事项后，由协会颁发绿色食品生产资料标志使用证（以下简称使用证），并对获得绿色生资标志使用许可的产品（以下简称获证产品）予以公告。

第三章　标志使用

第十条 绿色生资农药产品的类别编号为"02"，编号形式如下：

LSSZ —— 02 —— ×× ×× ×× ××××

绿色生资　　　产品　　　核准　　核准　　省份　　当年序列号
　　　　　　　类别　　　年份　　月份　　（国别）

第十一条 获证产品的包装标签必须符合国家相关标准和规定，并按《绿色食品生产资料证明商标设计使用规范》要求，正确使用绿色生资标志。

第四章　监督管理

第十二条 协会负责组织绿色生资产品质量抽检，指导省级工作机构定期对获得绿色生资标志使用许可的企业（以下简称获证企业）进行监督管理，实施年度检查和标志使用监察等工作。

企业年检由省级工作机构对获证企业进行现场检查，内容包括：

（一）生产过程及生产车间、产品质量检验室、库房等相关场所；

（二）生产厂区的环境及环保变化状况；

（三）企业各项管理制度执行情况及变化；

（四）查阅有关档案材料及票据，包括不同批次产品的原料配比及投料单、原料和产品的出入库凭证；

（五）规范用标情况；

（六）产品销售、使用效果及安全信息反馈情况。

第十三条 绿色生资产品质量监督抽检计划由协会制定，并下达有关质量监测机构和省级工作机构，产品抽样工作由省级工作机构协助监测机构完成。

第十四条 监测机构将检验报告分别提交协会、省级工作机构和有关获证企业。

第十五条 企业的农药登记证、生产许可证被吊销，绿色生资标志许可也随之失效。

第十六条 当获证企业发生《管理办法》第二十五条中所列问题时，由省级工作机构做出整改决定。整改期限为一个月，整改合格的，准予继续使用绿色生资标志；整改不合格的，由省级工作机构报请协会取消相关产品绿色生资标志使用权。

第十七条 当获证企业发生《管理办法》第二十六条中所列问题时，由协会做出取消绿色生资标志使用权的决定，并予以公告。

第五章　附则

第十八条 本细则由协会负责解释。

第十九条 本细则自颁布之日起施行。

附录四
绿色食品生产资料标志管理办法实施细则
（食品添加剂）

第一章　总则

第一条　根据《绿色食品生产资料标志管理办法》（以下简称《管理办法》），制定本细则。

第二条　本细则适用于申请使用绿色食品生产资料标志（以下简称绿色生资标志）、符合绿色食品生产要求的食品添加剂产品。

第二章　标志许可

第三条　申请使用绿色生资标志的食品添加剂产品必须具备下列条件：

（一）企业取得省级产品质量监督部门颁发的生产许可证，并在有效期内；

（二）产品符合《食品安全国家标准　食品添加剂使用标准》（GB 2760）规定的品种及使用范围；

（三）产品符合《绿色食品　食品添加剂使用准则》（NY/T 392）要求；

（四）产品符合《食品生产通用卫生规范》（GB 14881）或《食品添加剂生产通用卫生规范》。

第四条　申请人应向省级绿色食品工作机构（以下简称省级工作机构）提交下列材料（一式两份），并附目录，按顺序装订：

（一）《绿色食品生产资料标志使用申请书》；

（二）企业营业执照复印件；

（三）企业生产许可证（包括副本）复印件；

（四）委托其他企业加工的，应当提供委托加工合同（协议）、委托加工质量管理制度复印件；

（五）微生物制品需提交具备法定资质的检测机构出具的有效菌种的安全鉴定报告复印件；

（六）复合食品添加剂需提交产品配方等相关资料；

（七）县级以上环保行政主管部门出具的环保合格证明或竣工环保验收意见或环境质量监测报告复印件；

（八）以绿色食品产品或绿色食品原料标准化生产基地产品为原料的，须提交相关证书、采购合同及发票（收据）复印件；合同及发票（收据）上的产品名称，应与绿色食品证书或基地证书上一致或标注为绿色食品（基地）副产物；

（九）自建、自用原料基地的产品，须提交具备法定资质的监测机构出具的产地环境质量监测及现状评价报告和本年度内的基地产品检验报告、生产操作规程、基地和农户清单、基地与农户订购合同（协议）复印件；

（十）绿色食品加工用水检测报告复印件（如涉及）；

（十一）所有外购原料的购买合同及发票（收据）复印件；

（十二）产品执行标准复印件，系列产品应有相应的备案后的企业标准；

（十三）具备法定资质的第三方质量监测机构出具的一年内的产品质量检验报告复印件，产品质量检验报告应根据执行标准进行全项检测；

（十四）产品商标注册证复印件（包括续展证明、商标转让证明、商标使用许可证明等）；

（十五）含有绿色生资标志的包装标签及使用说明书的彩色设计样张；

（十六）系列产品中，绿色生资与非绿色生资生产全过程（从原料到成品）区分管理制度。如申请人生产的所有产品均申请绿色生资，应予以说明，可免于提交；

（十七）其他需提交的材料。

第五条 同类产品中，产品的品种、名称等不同的，按不同产品分别申报。

第六条 审核程序如下：

（一）省级工作机构收到申请材料后，15个工作日内完成初审工作。初审内容包括：

1.材料审查

（1）申报产品是否符合第三条规定的条件；

（2）申请材料是否齐全、规范；

（3）同类产品中的不同产品是否按第五条的规定分别申报；

（4）产品成分是否明确、完全；有效成分及杂质等含量是否符合绿色生资的要求。

材料不齐备的，企业应于10个工作日内补齐。

2.现场检查

初审符合要求的，省级工作机构组织绿色生资管理员在30个工作日内对申请用标企业及产品的原料来源、投入品使用和质量管理体系等进行现场检查，并填写《企业检查表》。现场检查应安排在申报产品生产加工时段进行，由至少2名有资质的绿色生资管理员共同完成。文审和现场检查不符合要求的，做出整改或暂停审核决定。

（二）文审和现场检查合格的，由省级工作机构组织签署意见，将一份申请材料和《企业检查表》一并报送中国绿色食品协会（以下简称协会），同时进行存档。

（三）协会收到初审材料后，在20个工作日内完成复审。

1.企业需补充材料的，应在20个工作日内，按审核通知单要求将申报材料补齐；

2.需加检的产品，由省级工作机构负责抽样，送检；

3.必要时，协会可派人赴企业检查，复审时限可相应延长。

（四）复审合格的，协会组织绿色生资专家评审委员会在15个工作日内完成对申请用标产品的评审。复审不合格的，协会在10个工作日内书面通知申请企业，并说明理由。

（五）协会依据绿色生资专家评审委员会的评审意见，在15个工作日内做出审核结论。

第七条 审核合格的，申请用标企业与协会签订《绿色食品生产资料标志商标使用许可合同》（以下简称《合同》）。

第八条 按照《合同》约定，申请用标企业须向协会缴纳绿色生资标志许可审核费和管理费。

第九条 完成上述事项后，由协会颁发绿色食品生产资料标志使用证（以下简称"使用证"），并对获得绿色生资标志使用许可的产品（以下简称获证产品）予以公告。

第三章　标志使用

第十条 绿色生资食品添加剂产品的类别编号为"05"，编号形式如下：

LSSZ —— 05 —— ×× ×× ×× ×××

绿色生资　　产品　　　　核准　核准　　省份　　当年序列号

　　　　　　类别　　　　　年份　月份　　（国别）

第十一条 获证产品的包装标签必须符合国家法律、法规的规定，并符合相关标准的规定，并按《绿色食品生产资料证明商标设计使用规范》要求，正确使用绿色生资标志。

<h2 style="text-align:center">第四章　监督管理</h2>

第十二条　协会负责组织绿色生资产品质量抽检，指导省级工作机构定期对获得绿色生资标志使用许可的企业（以下简称获证企业）进行监督管理，实施年度检查和标志使用监察等工作。

企业年检由省级工作机构对获证企业进行现场检查，内容包括：

（一）生产过程及生产车间、产品质量检验室、库房等相关场所；

（二）生产厂区的环境及环保变化状况；

（三）企业各项管理制度执行情况及变化；

（四）查阅有关档案材料及票据，包括不同批次产品的原料配比及投料单、原料和产品的出入库凭证；

（五）规范用标情况；

（六）产品销售、使用效果及安全信息反馈情况。

第十三条　绿色生资产品质量监督抽检计划由协会制定，并下达有关质量监测机构和省级工作机构，产品抽样工作由省级工作机构协助监测机构完成。

第十四条　监测机构将检验报告分别提交协会、省级工作机构和有关获证企业。

第十五条　获证企业的生产许可证被吊销，绿色生资标志许可也随之失效。

第十六条　当获证企业发生《管理办法》第二十五条中所列问题时，由省级工作机构做出整改决定。整改期限为一个月，整改合格的，准予继续使用绿色生资标志；整改不合格的，由省级工作机构报请协会，并由协会取消相关产品绿色生资标志使用权。

第十七条　当获证企业发生《管理办法》第二十六条中所列问题时，由协会做出取消绿色生资标志使用权的决定，并予以公告。

第五章　附则

第十八条　本细则由协会负责解释。

第十九条　本细则自颁布之日起施行。

附录五
绿色食品生产资料标志管理办法实施细则
（兽药）

第一章　总则

第一条　根据《绿色食品生产资料标志管理办法》（以下简称《管理办法》)，制定本细则。

第二条　本细则适用于申请使用绿色食品生产资料标志（以下简称绿色生资标志）的兽药产品，包括国家兽医行政管理部门批准的微生态制剂和中药制剂；高效、低毒和低环境污染的消毒剂；无最高残留限量规定、无停药期规定的兽药产品。

第二章　标志许可

第三条　申请使用绿色生资标志的兽药产品必须具备下列条件：

（一）企业取得国务院兽医行政部门颁发的兽药生产许可证和产品批准文件，并在有效期内；

（二）产品符合《绿色食品　兽药使用准则》（NY/T 472）要求。

第四条　申请人应向省级绿色食品工作机构（以下简称省级工作机构）提交下列材料（一式两份），并附目录，按顺序装订：

（一）《绿色食品生产资料标志使用申请书》；

（二）企业营业执照复印件；

（三）企业兽药生产许可证和产品批准文号复印件；

（四）兽药GMP证书复印件；

（五）委托其他企业加工的，应当提供委托加工合同（协议）、委托加工质量管理制度复印件；

（六）县级以上环保行政主管部门出具的环保合格证明或竣工环保验收意见或环境质量监测报告复印件；

（七）新兽药需提供毒理学安全评价报告和效果验证试验报告复印件；

（八）所有外购原料的购买合同及发票（收据）复印件；

（九）产品执行标准复印件，系列产品应有相应的备案后的企业标准；

（十）具备法定资质的第三方质量监测机构出具的一年内的产品质量检验报告复印件，产品质量检验报告应根据执行标准进行全项检测；

（十一）产品商标注册证复印件（包括续展证明、商标转让证明、商标使用许可证明等）；

（十二）含有绿色生资标志的包装标签及使用说明书的彩色设计样张；

（十三）绿色生资与非绿色生资生产全过程（从原料到成品）区分管理制度。如申请人生产的所有产品均申请绿色生资，应予以说明，可免于提交；

（十四）其他需提交的材料。

第五条　同类产品中，产品的剂型、名称等不同的，按不同产品分别申报。

第六条 审核程序如下：

（一）省级工作机构收到申请材料后，15个工作日内完成初审工作。初审内容包括：

1.材料审查

（1）申报产品是否符合第三条规定的条件；

（2）申请材料是否齐全、规范；

（3）同类产品中的不同产品是否按第五条的规定分别申报；

（4）产品成分是否明确、完全；有效成分及杂质等含量是否符合绿色生资的要求。

材料不齐备的，企业应于10个工作日内补齐。

2.现场检查

初审符合要求的，省级工作机构组织绿色生资管理员在30个工作日内对申请用标企业及产品的原料来源、投入品使用和质量管理体系等进行现场检查，并填写《企业检查表》。现场检查应安排在申报产品生产加工时段进行，由至少2名有资质的绿色生资管理员共同完成。文审和现场检查不符合要求的，做出整改或暂停审核决定。

（二）文审和现场检查合格的，由省级工作机构组织签署意见，将一份申请材料和《企业检查表》一并报送中国绿色食品协会（以下简称协会），同时进行存档。

（三）协会收到初审材料后，在20个工作日内完成复审。

1.企业需补充材料的，应在20个工作日内，按审核通知单要求将申报材料补齐；

2.需加检的产品，由省级工作机构负责抽样，送检；

3.必要时，协会可派人赴企业检查，复审时限可相应延长。

（四）复审合格的，协会组织绿色生资专家评审委员会在15个工作日内完成对申请用标产品的评审。复审不合格的，协会在10个工作日内书面通知申请企业，并说明理由。

（五）协会依据绿色生资专家评审委员会的评审意见，在15个工作日内做出审核结论。

第七条 审核合格的，申请用标企业与协会签订《绿色食品生产资料标志商标使用许可合同》（以下简称《合同》）。

第八条 按照《合同》约定，申请用标企业须向协会缴纳绿色生资标志许可审核费和管理费。

第九条 完成上述事项后，由协会颁发绿色食品生产资料标志使用证（以下简称"使用证"），并对获得绿色生资标志使用许可的产品（以下简称获证产品）予以公告。

第三章 标志使用

第十条 绿色生资兽药产品的类别编号为"04"，编号形式如下：

LSSZ	——	04	——	××	××	××	××××
绿色生资		产品		核准	核准	省份	当年序列号
		类别		年份	月份	（国别）	

第十一条 获证产品的包装标签必须符合国家相关标准和规定，并按《绿色食品生产资料证明商标设计使用规范》要求，正确使用绿色生资标志。

第四章 监督管理

第十二条 协会负责组织绿色生资产品质量抽检，指导省级工作机构定期对获得绿色生资标志使用许可的企业（以下简称获证企业）进行监督管理，实施年度检查和标志使用监察等工作。

企业年检由省级工作机构对获证企业进行现场检查，内容包括：

（一）生产过程及生产车间、产品质量检验室、库房等相关场所；

（二）生产厂区的环境及环保变化状况；

（三）企业各项管理制度执行情况及变化；

（四）查阅有关档案材料及票据，包括不同批次产品的原料配比及投料单、原料和产品的出入库凭证；

（五）规范用标情况；

（六）产品销售、使用效果及安全信息反馈情况。

第十三条 绿色生资产品质量监督抽检计划由协会制定，并下达有关质量监测机构和省级工作机构，产品抽样工作由省级工作机构协助监测机构完成。

第十四条 监测机构将检验报告分别提交协会、省级工作机构和有关获证企业。

第十五条 获证产品的兽药生产许可证和产品批准文号被吊销，绿色生资标志许可也随之失效。

第十六条 当获证企业发生《管理办法》第二十五条中所列问题时，由省级工作机构做出整改决定。整改期限为一个月，整改合格的，准予继续使用绿色生资标志；整改不合格的，由省级工作机构报请协会，并由协会取消相关产品绿色生资标志使用权。

第十七条 当获证企业发生《管理办法》第二十六条中所列问题时，由协会做出取消绿色生资标志使用权的决定，并予以公告。

第五章 附则

第十八条 本细则由协会负责解释。

第十九条 本细则自颁布之日起施行。

附录六
绿色食品生产资料标志管理办法实施细则
（饲料及饲料添加剂）

第一章　总则

第一条　根据《绿色食品生产资料标志管理办法》（以下简称《管理办法》），制定本细则。

第二条　本细则适用于申请使用绿色食品生产资料标志（以下简称绿色生资标志）的饲料和饲料添加剂产品，包括供各种动物食用的单一饲料（包括牧草或经加工成颗粒、草粉的饲料）、饲料添加剂及添加剂预混合饲料、浓缩饲料、配合饲料和精料补充料。

第二章　标志许可

第三条　申请使用绿色生资标志的饲料及饲料添加剂产品必须具备下列条件：

（一）符合《饲料和饲料添加剂管理条例》中相关规定，生产企业获得农业行政主管部门或省级饲料管理部门核发的生产许可证，申请用标产品获得省级饲料管理部门核发的产品批准文号，并在有效期内；

（二）饲料原料、饲料添加剂品种应在农业行政主管部门公布的目录之内，且使用范围和用量要符合相关标准的规定；

（三）产品符合《绿色食品　饲料及饲料添加剂使用准则》（NY/T 471）规定的要求；

（四）非工业化加工生产的饲料及饲料添加剂产品的产地生态环境良好，

达到绿色食品的质量要求。

第四条 申请人应向省级绿色食品工作机构(以下简称省级工作机构)提交下列材料(一式两份),并附目录,按顺序装订:

(一)《绿色食品生产资料标志使用申请书(饲料及饲料添加剂)》;

(二)企业营业执照复印件;

(三)企业生产许可证和产品批准文号复印件;

(四)委托其他企业加工的,应当提供委托加工合同(协议)、委托加工质量管理制度复印件;

(五)动物源性饲料产品安全合格证复印件;新饲料添加剂产品证书复印件;

(六)处于监测期内的新饲料和新饲料添加剂产品证书复印件和该产品的《毒理学安全评价报告》《效果验证试验报告》复印件;

(七)县级以上环保行政主管部门出具的环保合格证明或竣工环保验收意见或环境质量监测报告复印件;

(八)以绿色食品产品或绿色食品原料标准化生产基地产品为原料的,须提交相关证书、采购合同及购买发票(收据)复印件;合同及发票(收据)上的产品名称,应与绿色食品证书或基地证书上一致或标注为绿色食品(基地)副产物;

(九)自建、自用原料基地的产品,须按照绿色食品生产方式生产,并提交具备法定资质的监测机构出具的产地环境质量监测及现状评价报告,以及本年度内的基地产品检验报告、生产操作规程、基地和农户清单、基地与农户订购合同(协议)复印件;

(十)所有外购原料的购买合同及发票(收据)复印件;矿物盐原料应在合同中体现饲料级(或食品级)字样;复合维生素、复合氨基酸、矿物盐、预混料产品要提交标签原件；进口原料需提交饲料、饲料添加剂进口登记证和检验合格证明复印件；

（十一）产品执行标准复印件，系列产品应有相应的备案后的企业标准；

（十二）具备法定资质的第三方质量监测机构出具的一年内的产品质量检验报告复印件，产品质量检验报告应根据执行标准进行全项检测；

（十三）产品商标注册证复印件（包括续展证明、商标转让证明、商标使用许可证明等）；

（十四）含有绿色生资标志的包装标签及使用说明书的彩色设计样张；

（十五）系列产品中，绿色生资与非绿色生资生产全过程（从原料到成品）区分管理制度。如申请人生产的所有产品均申请绿色生资，应予以说明，可免于提交；

（十六）其他需提交的材料。

第五条 同类产品中，产品的成分、配比、名称等不同的，按不同产品分别申报。

第六条 审核程序如下：

（一）省级工作机构收到申请材料后，15个工作日内完成初审工作。初审内容包括：

1.材料审查

（1）申报产品是否符合第三条规定的条件；

（2）申请材料是否齐全、规范；

（3）同类产品中的不同产品是否按第五条的规定分别申报；

（4）产品成分是否明确、完全；有效成分及杂质等含量是否符合绿色生资的要求。

材料不齐备的，企业应于10个工作日内补齐。

2.现场检查

初审符合要求的，省级工作机构组织绿色生资管理员在30个工作日内对申请用标企业及产品的原料来源、投入品使用和质量管理体系等进行现场检查，并填写《企业检查表》。现场检查应安排在申报产品生产加工时段进行，由至少2名有资质的绿色生资管理员共同完成。文审和现场检查不符合要求的，做出整改或暂停审核决定。

（二）文审和现场检查合格的，由省级工作机构组织签署意见，将一份申请材料和《企业检查表》一并报送中国绿色食品协会（以下简称协会），同时进行存档。

（三）协会收到初审材料后，在20个工作日内完成复审。

1.企业需补充材料的，应在20个工作日内，按审核通知单要求将申报材料补齐；

2.需加检的产品，由省级工作机构负责抽样，送协会指定的机构检测，检测费用由企业承担；

3.必要时，协会可派人赴企业检查，复审时限可相应延长。

（四）复审合格的，协会组织绿色生资专家评审委员会在15个工作日内完成对申请用标产品的评审。复审不合格的，协会在10个工作日内书面通知申请企业，并说明理由。

（五）协会依据绿色生资专家评审委员会的评审意见，在15个工作日内做出审核结论。

第七条 审核合格的，申请用标企业与协会签订《绿色食品生产资料标志商标使用许可合同》（以下简称《合同》）。

第八条 按照《合同》约定，申请用标企业须向协会缴纳绿色生资标志许可审核费和管理费。

第九条 完成上述事项后，由协会颁发绿色食品生产资料标志使用证（以下简称"使用证"），并对获得绿色生资标志使用许可的产品（以下简称获证产品）予以公告。

第三章 标志使用

第十条 绿色生资饲料及饲料添加剂产品的类别编号为"03"，编号形式如下：

LSSZ —— 03 —— ×× ×× ×× ××××

绿色生资   产品   核准   核准   省份   当年序列号

           类别   年份   月份   （国别）

第十一条 获证产品的包装标签必须符合国家相关标准和规定，并按《绿色食品生产资料证明商标设计使用规范》要求，正确使用绿色生资标志。

第四章 监督管理

第十二条 协会负责组织绿色生资产品质量抽检，指导省级工作机构定期对获得绿色生资标志使用许可的企业（以下简称获证企业）进行监督管理，实施年度检查和标志使用监察等工作。

企业年检由省级工作机构对获证企业进行现场检查，内容包括：

（一）生产过程及生产车间、产品质量检验室、库房等相关场所；

（二）生产厂区的环境及环保变化状况；

（三）企业各项管理制度执行情况及变化；

（四）查阅有关档案材料及票据，包括不同批次产品的原料配比及投料单、原料和产品的出入库凭证；

（五）规范用标情况；

（六）产品销售、使用效果及安全信息反馈情况。

第十三条 绿色生资产品质量监督抽检计划由协会制定，并下达有关质量监测机构和省级工作机构，产品抽样工作由省级工作机构协助监测机构完成。

第十四条 监测机构将检验报告分别提交协会、省级工作机构和有关获证企业。

第十五条 获证企业的生产许可证、产品批准文号、新饲料和新饲料添加剂证书、所用原料的饲料添加剂进口登记证等任一证书被吊销，绿色生资标志许可也随之失效。

第十六条 当获证企业发生《管理办法》第二十五条中所列问题时，由省级工作机构做出整改决定。整改期限为一个月，整改合格的，准予继续使用绿色生资标志；整改不合格的，由省级工作机构报请协会，并由协会取消相关产品绿色生资标志使用权。

第十七条 当获证企业发生《管理办法》第二十六条中所列问题时，由协会做出取消绿色生资标志使用权的决定，并予以公告。

第五章　附则

第十八条 本细则由协会负责解释。

第十九条 本细则自颁布之日起施行。

附录七
绿色食品生产资料年度检查工作管理办法

第一章 总则

第一条 为进一步规范绿色食品生产资料(以下简称绿色生资)企业年度检查(以下简称年检)工作,加强绿色生资产品质量和标志使用监督检查,根据《绿色食品生产资料标志管理办法》及有关实施细则,制定本办法。

第二条 年检是指绿色食品工作机构对辖区内获得绿色生资标志使用权的企业,在一个标志使用年度内的绿色生资生产经营活动、产品质量及标志使用行为实施的监督、检查、考核、评定等。

第二章 年检的组织实施

第三条 年检工作由省级绿色食品工作机构(以下简称省绿办)负责组织实施,绿色生资管理员具体执行。

第四条 省绿办根据本地区的实际情况,制定年检工作实施办法,并报中国绿色食品协会(以下简称协会)备案。

第五条 省绿办要建立完整的企业年检工作档案,内容包括产品用标概况、年检时间、年检中的问题(质量、用标、缴费、其他)及处理意见、绿色生资管理员签字等。档案至少保存三年。

第六条 协会对各地年检工作进行指导、监督和检查。

第三章 年检程序

第七条 企业使用绿色生资标志一个年度期满前2个月,省绿办向企业发出实施年检通知,并告知年检的程序和要求。

第八条　企业接到通知后，应按年检内容和要求对年度用标情况进行自检，并向省绿办提交自检报告。

第九条　省绿办指派绿色生资管理员对企业自检报告进行审查，审查按年检内容逐项进行，根据企业实际情况提出问题，并确定企业年检的重点和日程。

第十条　绿色生资管理员按年检内容及检查重点对企业进行现场检查，填写《绿色生资年度检查表》。

第十一条　省绿办须于每年12月20日前将本年度年检工作总结和《绿色生资年度检查表》电子版报协会备案。

第四章　年检内容

第十二条　年检的内容是通过现场检查企业的产品质量控制体系情况、规范使用绿色生资标志情况和绿色生资使用许可合同执行情况等。

第十三条　产品质量控制体系情况，主要检查以下方面：

（一）企业的绿色生资管理机构设置和运行情况；

（二）绿色生资原、辅料购销合同（协议）及其执行情况，发票和出入库记录登记等情况；

（三）自建原料基地的环境质量、基地范围、生产组织及质量管理体系等变化情况；

（四）绿色生资与非绿色生资（原料、成品）防混控制措施落实情况；

（五）产品生产操作规程、产品标准及绿色食品投入品准则执行情况；

（六）是否存在违规使用绿色生资禁用或限用物料情况；

（七）产品检验制度、不合格半成品和成品处理制度执行情况。

第十四条　规范使用绿色生资标志情况，主要检查以下方面：

（一）是否按照证书核准的产品名称、商标名称、获证单位、核准产量、产品编号和标志许可期限等使用绿色生资标志；

（二）产品包装设计是否符合国家相关产品包装标签标准和《绿色食品生产资料证明商标设计使用规范》的要求。

第十五条 绿色生资使用许可合同执行情况，主要检查以下方面：

（一）是否按照《绿色食品生产资料标志商标使用许可合同》的规定按时、足额缴纳标志许可使用费；

（二）标志许可使用费的减免是否有协会批准的文件依据。

第十六条 其他检查内容，包括：

（一）企业的法人代表、地址、商标、联系人、联系方式等变更情况；

（二）接受国家法定登记管理部门和行政管理部门的产品质量监督检验情况；

（三）具备生产经营的法定条件和资质情况；

（四）进行重大技术改造和工业"三废"处理情况；

（五）产品销售及使用效果情况；

（六）审核检查和上年度现场检查中存在问题的改进情况。

第五章 年检结论处理

第十七条 省绿办根据年度检查结果以及年度抽检（或国家相关主管部门抽查）结果，依据绿色生资管理相关规定，做出年检合格、整改、不合格结论。需整改或不合格的应列出整改或不合格项目，并及时通知企业。

第十八条 年检结论为合格或整改合格的企业，省绿办可进行证书核准。企业应于标志年度使用期满前提交下列核准证书申请材料：

1.《绿色生资年度检查表》；

2.标志许可使用费当年缴费凭证；

3.绿色生资证书原证。

省绿办收到申请后5个工作日内完成核准程序，并在证书上加盖"绿色生资年检合格章"。

第十九条 年检结论为整改的企业必须于接到通知之日起一个月内完成整改，并将整改措施和结果报告省绿办。省绿办应及时组织整改验收并做出结论。

第二十条 企业有下列情形之一的，年检结论为不合格：

（一）产品质量不符合绿色生资相关质量标准的；

（二）未遵守标志使用合同约定的；

（三）违规使用标志和证书的；

（四）以欺骗、贿赂等不正当手段取得标志使用权的；

（五）拒绝接受年检的；

（六）年检中发现企业其他违规行为的。

第二十一条 年检结论为不合格的企业，省绿办应直接报请协会取消其标志使用权。

第二十二条 获证产品的绿色生资标志使用年度为第三年的，其年检工作可由续展审核检查替代。

第六章　复议和仲裁

第二十三条 企业对年检结论如有异议，可在接到书面通知之日起15个工作日内向省绿办提出复议申请或直接向协会申请裁定，但不可以同时申请复议和裁定。

第二十四条 省绿办应于接到复议申请之日起15个工作日内做出复议结论。协会应于接到裁定申请30个工作日内做出裁定决定。

第七章　附则

第二十五条　本规范由协会负责解释。

第二十六条　本规范自颁布之日起施行。